服装CAD制板技巧与实例

FUZHUANG

王 健 王京菊 谭 融 等 编著

化学工业出版社

·北京·

内 容 提 要

本书从服装结构设计的视角出发，以服装CAD结构设计特有的思维方式、计算方法和操作技巧，根据服装品种、特征分门别类地详细讲解服装CAD制板的全过程。

全书内容符合服装爱好者的学习规律，能让零基础的读者快速精通服装CAD技法与制作，正确、灵活地使用CAD软件工具，深入并高水平地运用CAD打板等专业知识。除此之外，本书还特别介绍了服装信息库的建立及使用，从而突出服装CAD便捷灵活的强大应用功能。本书为一本实用而易学易懂的工具书，也可作为服装企业相关工作人员、广大服装爱好者及服装院校师生的学习手册和教材。

图书在版编目（CIP）数据

服装CAD制板技巧与实例 / 王健等编著. —北京：
化学工业出版社，2019.7
ISBN 978-7-122-34275-1

Ⅰ．①服… Ⅱ．①王… Ⅲ．①服装设计–计算机辅助设计–AutoCAD软件 Ⅳ．①TS941.26

中国版本图书馆CIP数据核字（2019）第064990号

责任编辑：朱　彤　　　　　　　　　　美术编辑：王晓宇
责任校对：张雨彤　　　　　　　　　　装帧设计：水长流文化

出版发行：化学工业出版社（北京市东城区青年湖南街13号　邮政编码100011）
印　　装：中煤（北京）印务有限公司
787mm×1092mm　1/16　印张9　字数185千字　2021年1月北京第1版第1次印刷

购书咨询：010-64518888　　　　　　　售后服务：010-64518899
网　　址：http://www.cip.com.cn
凡购买本书，如有缺损质量问题，本社销售中心负责调换。

定　价：58.00元　　　　　　　　　　　版权所有　违者必究

p r e f a c e

前言

服装CAD制板在企业中的运用非常广泛，是提高服装生产准确度和效率的重要技术手段，直接影响着服装的成本与质量。近年来由于服装工业信息化和自动化的发展，对于服装CAD制板的教学目标和水平都提出了更高要求。为了适应当前服装企业工业化生产的需要，提高读者掌握知识的可持续性及加强读者所掌握技能的可延展性，对相关课程的教学内容与授课方式、教学手段进行改革与优化势在必行。

为了加快教学改革的现代化步伐、推动转变教育教学观念、创新学习模式、努力提高教学质量、加大实践学习的力度，在编写过程中我们吸收国内外的先进经验，结合自身多年的教学实践经验，从专业实践和体会出发，力求寻求一种全新的教育模式。本书还针对服装设计专业所具有的、很强的技术性特点，致力于让读者对服装结构设计CAD制板的实际操作有更深层面的理解和掌握，突出核心能力的培养，拓展实践教学内容，为培养更具服装行业竞争力的复合型人才打下坚实的基础。

本书系统介绍了服装CAD软件的基础工具使用，根据服装品种特征进行分类，选择具有代表性的款式进行CAD比例制板、原型制板的全过程讲解；设置了根据服装结构图、服装款式图进行CAD制板的训练内容，介绍了信息库的建立及使用，从而更加突出服装CAD便捷、灵活的强大应用功能。通过实践证明，读者借助于本书，可以在创新能力和动手能力等方面得到较大提高。

本书由王健、王京菊、谭融编著，杨挺参编。

由于作者水平和学识有限，在取材和论述方面会存在不妥之处，敬请广大读者批评指正。

著者

2020年6月

目录 contents

1 第一章
CAD软件介绍

2 第二章
下装制板

3 第三章
上装制板

4 第四章
信息库的建立及使用

1

第一章
CAD
软件介绍

一、实训内容

第一节　CAD软件使用方法介绍
第二节　打板系统介绍
第三节　打板系统中常用工具栏功能介绍

二、实训目的

1. 通过对CAD软件使用方法的介绍，使学生理解CAD的功能及作用。
2. 通过训练，要求学生熟练掌握CAD软件常用工具的使用；为后期的CAD制板打下良好的基础。

三、实训课时

一周，共计18学时

四、实训方法

1. 通过教师示范，学生根据教师要求进行CAD软件常用工具使用训练。

   实训时间：10学时
2. 选择学习过的常用工具进行其功能的拓展训练。

   实训时间：8学时

第一节
CAD软件使用方法介绍

学习目标   通过对NacPro软件使用方法的介绍，使学生理解NacPro的功能及作用。

训练重点   熟悉NacPro软件的操作环境，了解NacPro软件中六大功能模块的功能，掌握 NacPro软件中的专用术语及光标形式。

训练难点   NacPro软件中的专用术语及光标形式。

训练时间   2学时

本书介绍的服装CAD设计系统是北京日升公司开发的NacPro（曰升天辰）CAD系统，是进行服装工艺结构设计的服装CAD软件，其功能涵盖服装样板设计、放码、排料领域。日升系统充分考虑工艺设计师的各种手工习惯和操作心理，因此该系统的操作环境和工具可以满足工艺设计师的各种需要，是工艺设计师出色的助手。

1. 系统的启动

（NacPro服装CAD系统安装完成之后，就可以使用NacPro系统。）

方法一：① 单击windows桌面左下角的 ⊞ 菜单按钮，弹出一个菜单条（本书在操作说明中的"单击"和"双击"，若没有特殊说明是使用鼠标右键，均是指使用鼠标左键）。

② 移动鼠标到【程序】程序菜单上，弹出【程序】菜单条。将鼠标移动到【WebNacPro】的下级菜单条 🌐 WebNacPro ，单击选项，进入NacPro服装CAD系统界面，出现系统的主画面，如图1.1所示。

方法二：在Windows的桌面上，双击图标 🌐 ，进入NacPro服装CAD系统界面，出现系统的主画面，如图1.1所示。

2. 系统的主画面介绍

NacPro服装CAD系统主要有5个模块：系统管理、打板、推板、排料、系统参数设置。打板模块、推板模块、排料模块属于功能部分，系统管理模块、系统参数设置模块属于环境设定部分，如图1.1所示。

(1) 主画面菜单

在NacPro服装CAD系统中菜单栏共有3个菜单：文件、设置、帮助。每个菜单下又分若干子菜单，如图1.2所示。

常用模块

菜单栏

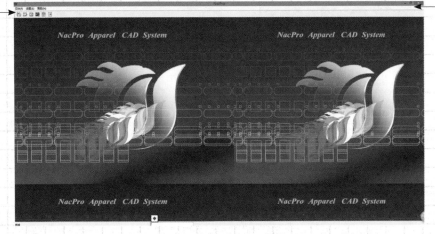

图1.1　NacPro 系统主画面

文件(F)　设置(S)　帮助(H)	文件(F)　设置(S)　帮助(H)	文件(F)　设置(S)　帮助(H)
系统管理(D) 打板(P) 推板(G) 在线升级(S) 排料(M) 退出(X)	系统参数设置(A) 面料设定(K) Language(L) 命令定义(C) 文件备份设定(B)	联机帮助(H)… 关于 NacPro(A)… 在线帮助(O)… 日升社区(B)…

图1.2　NacPro系统主画面及下属子菜单

文件(F)　设置(S)　帮助(H)

系统管理(D)
打板(P)
推板(G)
在线升级(S)

排料(M)

退出(X)

　　【文件／系统管理】打开新建、参照、备份和数据恢复等操作系统。
　　【文件／打板】打开打板操作系统。
　　【文件／推板】打开推板操作系统。
　　【文件／在线升级】打开在线升级操作系统。
　　【功能／排料】打开排料操作系统。

文件(F)　设置(S)　帮助(H)

系统参数设置(A)
面料设定(K)
Language(L)
命令定义(C)
文件备份设定(B)

　　【设置／系统参数设置】进行字体、单位、背景色、输入条位置的设置，如图1.3所示。
　　【设置／面料设定】进行系统中布片的面料种类、名称和颜色等设置，如图1.4所示。

图1.3 系统参数设定界面

图1.4 面料设定界面

【设置／Language】进行系统使用的语言种类设置，如图1.5所示。

【设置／命令定义】用自定义的方式为打板、推板里的功能定义快捷命令，如图1.6所示。

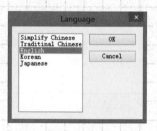

图1.5 语言种类设置界面

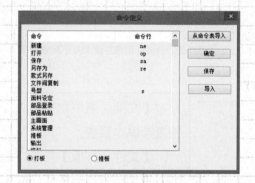

图1.6 命令定义设置界面

(2) 工具栏

在NacPro服装CAD系统中工具栏共有5个模块：系统管理、打板、推板、排料、系统参数设置，如图1.7所示。

图1.7 工具栏模块设置

NacPro系统中鼠标、光标使用说明见表1.1。

表1.1　NacPro系统中鼠标、光标使用说明

左键	选取、选择要素、布片等图形
右键	功能完成时，确定或结束要素及布片的选取
滚轮	鼠标放到工作区使用时滚轮可以放大或缩小画面，放在滚动条上可滚动画面
↖	在菜单或工具条上选择功能
►◄	选择单一要素，指示端点或投影点
▼	指示领域或任意位置
🖑	选择布片
＋	在作图区显示+表示鼠标没有任何功能操作

课后作业

① 掌握NacPro系统中5个功能模块的名称及功能作用。

② 熟练掌握NacPro系统中的鼠标及光标形式。

第二节
打板系统介绍

学习目标　通过对NacPro软件中打板系统的画面介绍，使学生熟悉打板系统的操作环境，掌握打板系统中常用工具栏的名称。

训练重点　NacPro软件中的画面工具栏、工具栏和纸样工具栏工具的名称与图标的对应。

训练难点　CAD软件中的纸样工具栏工具的名称与图标的对应。

训练时间　4学时

1. 打板系统画面介绍

NacPro服装CAD设计系统界面的主画面上，双击"打板"图标，进入打板系统界面，如图1.8所示。

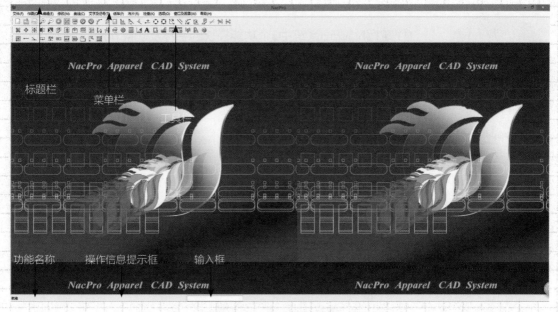

图1.8　NacPro打板系统界面

2. 打板系统画面功能区介绍

①**标题栏**。位于应用程序和文件窗口的顶部，显示当前工作区的应用程序名称和所作图形图像文件的名称，如果你未给出文件命名，系统将默认形式命名。

②**菜单栏**。位于标题栏的下面，菜单是系统的主要功能选取界面，系统所有功能项目均被列出，并包含工具条中所有功能。

③**功能名称**。显示当前所用功能名称。

④**操作信息提示框**。显示当前选择功能的操作步骤及方法，有助于操作的顺利进行。

⑤**输入框**。输入操作过程中所需要的坐标、数据或者文字。

⑥**工具栏**。用鼠标单击工具条按钮，将执行相应的功能。

工具条-1

工具条-2

工具条-3

任意点　端点　投影点　比率点　参数点　要素　领域内　领域上　布片　连线要素　最小外周

课后作业

① 熟悉NacPro打板系统画面的操作环境。

② 熟练掌握打板系统中工具栏的名称与图标的对应。

第三节
打板系统中常用工具栏功能介绍

学习目标　通过对打板系统中工具栏的学习，使学生熟练掌握打板系统中常用工具栏的使用操作。

训练重点　打板系统中工具栏的使用操作。

训练难点　打板系统中纸样工具栏工具的使用操作。

训练时间　12学时

1. 画面工具栏

　　打板系统的工具栏直接决定打板的操作环境，了解、熟悉该操作环境是进行打板工作的必要前期准备。

　　【文件新建】文件新建，同时具有清屏的作用。

　　【文件打开】打开已建立的文件。

　　【文件保存】保存已建立的文件，属临时存盘（快捷键Ctrl + S）。第一次文件保存，一定从菜单中的【文件】，进入子菜单中的【文件】中的另存为。

　　【放大】将作图工作区中的文件进行放大。

　　操作：框取将要放大的区域。

　　【缩小】将作图工作区中的文件缩小。

　　操作：单击【缩小】图标。

　　【前画面】恢复在进行了【放大】或【缩小】之后的前一个画面。

　　操作：单击【前画面】图标。

　　【全表示】将在作图区内画的所有内容最大限度地全部显示出来。

　　操作：单击【全表示】图标。

　　【刷新】恢复在进行了如【尺寸表示】工具之后最开始的纸样状态。

　　操作：单击【刷新】图标。

　　【撤销】当使用某项工具后，要取消之前的操作。

　　操作：单击【撤销】图标。

　　【重复】恢复因使用【撤销】工具而取消的操作结果。

　　操作：单击【重复】图标。

2. 点模式和要素拾取模式工具栏

打板系统中有5种点模式和6种要素模式，是NacPro软件打板系统的操作"灵魂"。

【点模式】点模式是NacPro软件打板系统中进行指示点操作时使用的工具，有5个模式：任意点、端点、投影点、比率点和参数点，快捷键依次为键盘上的F1、F2、F5、F6、F7。

(1) 点模式不可单独使用，一定是与其他工具配合在一起进行指示点操作时使用。

(2) 在指示点时变更指示的方法有两种途径：

◆ 使用功能键F1、F2、F5、F6、F7进行变更。

◆ 用鼠标单击画面工具栏上的点模式图标，进行变更。

【点模式／任意点】用光标指示任何位置。

操作：选取其他工具后，单击【任意点】图标（或F1功能键），选取位置。

【点模式／端点】用光标指示要素的端点或从要素的端点起在要素上（＋）或要素的延长线上（－）的某个距离的点。

操作：① 选取其他工具后，系统默认【端点】模式，选取要素。

② 选取其他工具后，系统默认【端点】模式（或F2功能键），输入某个距离的点距离端点的距离，然后再选取要素。

【点模式／投影点】用光标指示要素的任何位置，能够准确地落在要素上。

操作：选取其他工具后，单击【投影点】图标（或F5功能键），选取要素。

【点模式／比率点】用光标按比率指示要素的位置。例如，指示要素的1/2。

操作：选取其他工具后，单击【比率点】图标（或F6功能键），输入选取比率的数值，如1/2比率就要输入0.5，回车，然后选取要素。

【点模式／参数点】与上面四个点模式组合使用。

操作：选取其他工具后，单击【参数点】图标（或F7功能键）。有三种方法：移动点，可以针对指示的点设定偏移量；两点间移动点，可以指示两点间的特殊点；要素上的移动点。

【要素拾取模式】要素拾取模式是NacPro软件打板系统中选取要素时使用的工具，有6个模式：要素、领域内、领域上、布片、连线要素和外周，快捷键依次为键盘上的F8键、F9键、F10键、F11键、F12键。

① 要素拾取模式不可单独使用，需要与其他工具配合在一起进行要素选取时使用。

② 在指示点时变更指示的方法有两种途径：

◆使用功能键F8、F9、F10、F11、F12进行变更。

◆用鼠标单击画面工具栏上的要素拾取模式图标，进行变更。

【要素拾取模式／要素】用光标指示单个要素。

操作：选取其他工具后，单击【要素】图标（或F8功能键），选取要素。

【要素拾取模式／领域内】在对角2点所指示的矩形内的要素都被指示。

操作：选取其他工具后，单击【领域内】图标（或F9功能键），对角2点拉出矩形，全部被包围在矩形内的要素被选取。

【要素拾取模式／领域上】在对角2点所指示的矩形内的要素以及与该矩形相交叉的要素均被选取。

操作：选取其他工具后，系统默认【领域上】模式（或F10功能键），在对角2点所指示的矩形内的要素以及与该矩形相交叉的要素都被选取。

【要素拾取模式／布片】选取做成的布片，包括布片上的全部要素。

操作：选取其他工具后，如【删除】，按F11功能键模式或单击图标切换到【布片】，指示布片，右键，整个布片都被删掉。

【要素拾取模式／连线要素】选取首尾相连的多个要素。

操作：如进行宽度变更时。先在菜单【布片】中选取【宽度变更】，再单击图标切换到【连线要素】，指示衣片任意的一条净粉线，右键；输入缝边宽度2cm回车；因布片的净粉线都是首尾相连的，因而所有净粉线都会被选中，对应的缝边宽度都会发生变化。

【要素拾取模式／最小外周】选取框选的多个要素所组成的最小封闭区域。

操作：如进行填充。按F12或点击图标切换到【最小外周】，指示封闭的领域1，指示填充基准点，按对话框指示选择填充的颜色或面料即可。

3. 工具栏

打板系统的工具栏中包含基本的画线、剪切、复制、移动和测量等工具。

【画线】可以绘制出两点线、折线、水平线、垂直线、曲线、45度（即45°，以下余同）线。

【画线/两点线】由两点作出直线。

操作：按鼠标的左键指示作图两点，[端点]▶◀1、▶◀2，右键，得一直线，如图1.9所示。

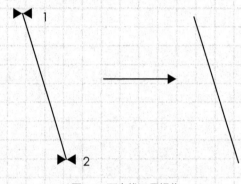

图1.9　两点线工具操作

【画线/连续线】作出连续线。

操作时按鼠标的左键指示连续线点列，[端点]▶◀1、▶◀2，按下Shift键，依次按鼠标的左键▶◀3、▶◀4，单击右键结束，得到一条连续线，如图1.10所示。

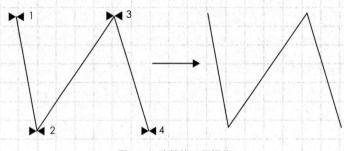

图1.10　连续线工具操作

【水平线】、【垂直线】、【矩形】在作图时都遵循原点坐标轴的正负原理：在X轴上，以原点为界，右边的数值为正，左边的数值为负；在Y轴上，以原点为界，上边的数值为正，下边的数值为负，如图1.11所示。

【画线／水平线】画水平线，可用来做定长的水平线段。

操作时按下shift键，指示水平线两点位置：

① 选取[端点] ▶◀ 1，按下shift键，输入"20"回车，在[端点] ▶◀ 1右侧得到一条水平线。

② 选取[端点] ▶◀ 2，按下shift键，输入"–20"回车，在[端点] ▶◀ 2左侧得到一条水平线，如图1.12所示。

图1.11　打板系统中正、负值坐标原理　　　　　图1.12　水平线工具操作

【画线／垂直线】

画垂直线，可用来作为定长的垂直线段。

操作时按下ctrl键，指示垂直线两点位置：

① 选取[端点] ▶◀ 1，按下ctrl键，输入"20"回车，在[端点] ▶◀ 1上侧得到一条垂直线。

② 选取[端点] ▶◀ 2，按下ctrl键，输入"–20"回车，在[端点] ▶◀ 2下侧得到一条垂直线，如图1.13所示。

【画线／曲线】画曲线，如用来画领口、袖窿、袖山曲线、侧缝等部位。

操作时指示曲线点列：[端点]输入"7.5"回车，单击 ▶◀ 1，然后再单击 ▶◀ 2、▶◀ 3，输入"8"回车，单击 ▶◀ 4，单击右键结束；得到一条宽7.5cm、深8cm的领口弧线，如图1.14所示。

图1.13　垂直线工具操作

【修改点】用于调整曲线的轨迹。

操作时指示要修正的曲线：[要素] ▶◀ 5，拉动移动点▼[任意点]至理想的位置，直至得到满意的曲线，如图1.14所示。

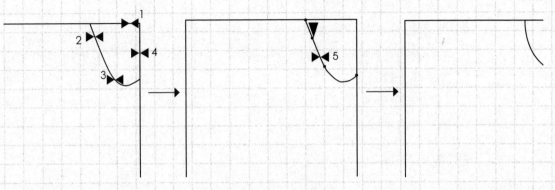

图1.14 曲线工具操作

【画线／45度线】画45度线。

操作时按鼠标的左键指示作图点 ▶◀ 1，按住Ctrl键或Shift键，移动鼠标位置，可直接画出45度线，▶◀ 2；右键，得45度线，如图1.15所示。

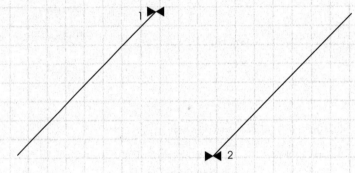

图1.15 45度线工具操作

【间隔平行】做规定距离的要素平行线。

操作时输入间隔量"10"，回车，指示被平行要素 ▶◀ 1；指示平行侧：[任意点]▼2，得一平行线，如图1.16所示。

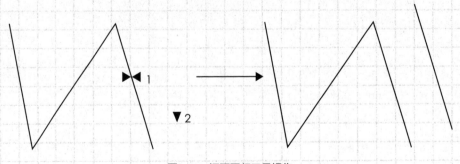

图1.16 间隔平行工具操作

■ 【矩形】做任意矩形，也可用来作为定长的矩形。

操作时指示矩形对角两点：

① 做任意矩形。[任意点]▼1和▼2，如图1.17所示。

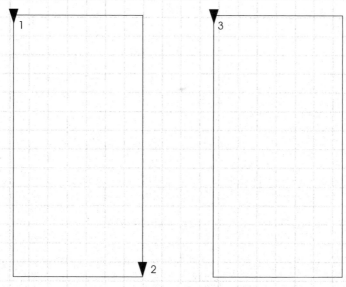

图1.17 矩形工具操作

② 做定长矩形。单击第一点▼3后，输入25，－50；回车，完成一个宽
25cm、长50 cm的矩形，如图1.18所示。使用【矩形】时，输入应为英文
（美式键盘）状态。

 【长度线】从某一点画到另一点要素上的定长直线，如用来画袖山斜线、肩
斜线等。

操作时指示长度线的起点：指示[端点] ▶◀1；指示投影要素：[要素] ▶◀2；
输入长度线的长度"22"，回车，得袖中线左侧袖山辅助线；指示[端点]
▶◀3；指示投影要素：[要素] ▶◀4；输入长度线的长度"20"，回车，得袖
中线右侧袖山辅助线，如图1.18所示。

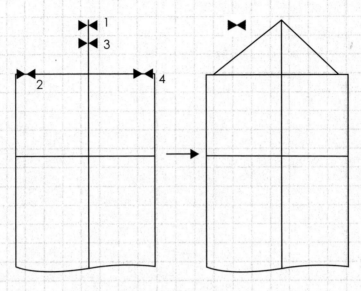

图1.18　长度线工具操作

![角度线工具图标]【角度线】做与某要素成一定角度的定长直线，如肩斜线、插肩袖、领子等。

操作时指示基准要素：选取[要素] ►◄ 1，输入线的长度"50"，回车；指示角度线通过点：[端点] ►◄ 2，输入角度"−60"，回车，得到一条与前片袖窿弧线成一定角度的定长直线，如图1.19所示。其中，角度"＋"数值按逆时针计算；"−"数值按顺时针计算。

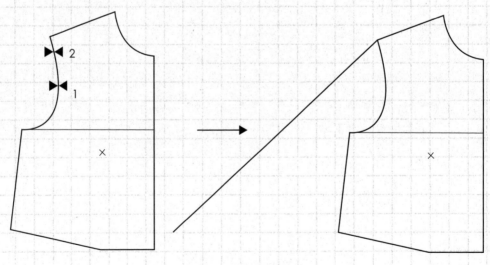

图1.19　角度线工具操作

【直角线】过某一点做与要素垂直的定长直线，如用来作为兜、袖山曲线的参照线等。操作时指示垂直基准要素：[要素] ►◄ 1；输入直角线的长度"18"，回车；指示直角线的通过点：[端点] ►◄ 2；指示直角线的延伸方向：[任意点] ▼3，得一直角线（袖口），如图1.20所示。

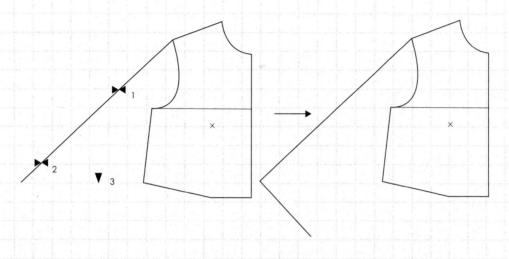

图1.20　直角线工具操作

【端移动】用于将指示要素的端点移动到新端点，新要素与原要素相似，如用于调整袖窿、领口弧线等（按Shift键为端点移动；按Ctrl键为复制）。
操作时指示要素的移动端[领域上]▼1和▼2，单击右键，指示移动后端点[端点]输入数值2 cm，回车；指示 ►◄ 3，端移动完成，如图1.21所示。

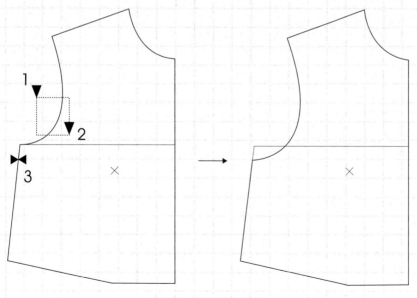

图1.21　端移动工具操作

【单侧切除】相当于切断要素，对被修正要素进行伸缩处理。

操作时指示切断线：[要素] ►◄ 1；指示被切断要素：▼2和▼3，单击右键；

单侧修正完成，如图1.22所示。

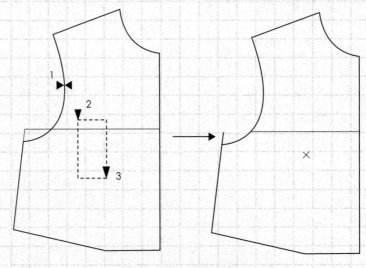

图1.22　单侧切除工具操作

【曲线拼合】将一条或多条直线或曲线拼合成一条曲线。

操作时指示进行拼合的要素：[要素] ►◄ 1和 ►◄ 2，单击右键；输入拼合后点

数"10"，回车；曲线拼合完成，如图1.23所示。

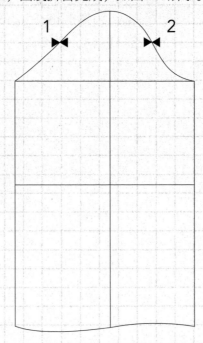

图1.23　曲线拼合工具操作

【拼合修改】用于调整曲线的轨迹。

操作时指示拼合要素 ►◄ 1，按右键，输入曲线点数"10"；回车，拉动移动点▼[任意点]至理想位置，如图1.24所示。

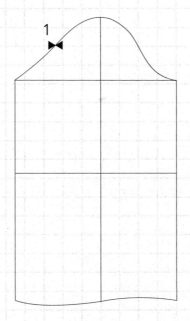

图1.24 拼合修改工具操作

【连接角】将两要素的端点连接起来，可用于封闭外轮廓。

操作时指示构成角的两条要素：①同时框取[领域上]▼1；②分别框取[领域上]▼2和▼3。

③连接完成，如图1.25所示。

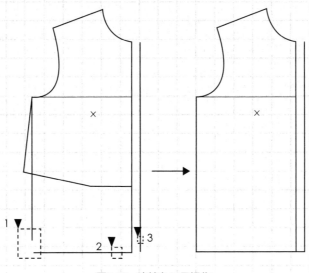

图1.25 连接角工具操作

【修改要素／延长】按指定长度对要素进行伸缩调整。

操作时选取【修改要素】，出现【修改要素】对话框，选取延长（延长时输入正值，缩短时输入负值），在指示端，输入伸缩长度"20"；确定指示线的伸缩端：[要素] ►◄ 1，单击右键，长度调整完成，如图1.26所示。

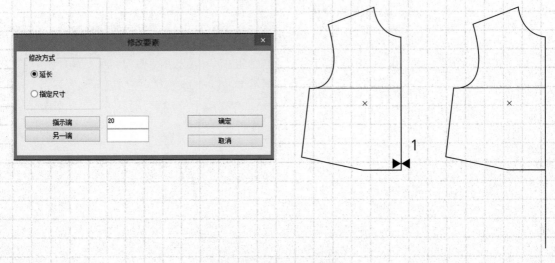

图1.26　修改要素／延长工具操作

【修改要素／指定尺寸】按指定长度修正要素。

操作时选取【修改要素】，出现【修改要素】对话框，选取指定尺寸，输入线的长度"50"；确定指示修改要素的移动端：[要素] ►◄ 1，单击右键，要素的长度修正完成，如图1.27所示。

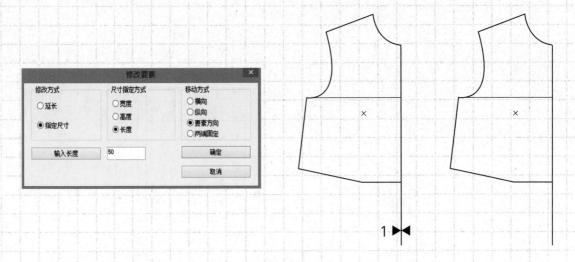

图1.27　修改要素／指定尺寸工具操作

【直角化】使曲线与基准线成90度（即90°，以下余同）夹角。

操作时选取【修改要素】，指示曲线，【要素】▶◀1，指示基准线【要素】▶◀2，指示直角化位置【任意点】▼3，指示曲线上的点【任意点】，指示修改后的位置；单击右键，完成，如图1.28所示。

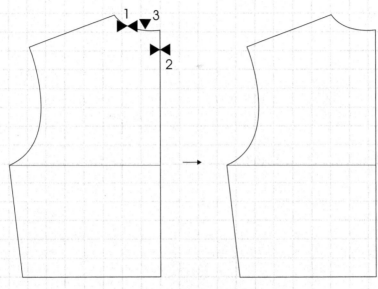

图1.28　直角化工具操作

【变形处理】曲线按要求变形，常常用于做过面和起翘的下摆。

操作时指示变形要素的端点【要素】▶◀1，指示变形开始的位置点【任意点】▼2，输入数值3.5 cm，回车；指示变形后的要素端点【端点】▶◀3，过面完成，如图1.29所示。

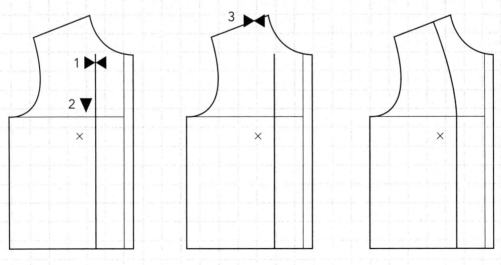

图1.29　变形处理工具操作

【线切断】将指示要素分割成两个要素。

操作时指示被切断的要素【领域上】▼1和▼2，单击右键，指示切断线【要素】►◄3；原要素被切断成两个要素，如图1.30所示。

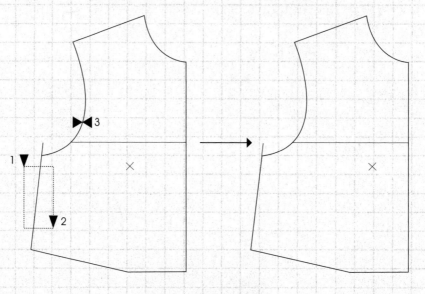

图1.30　线切断工具操作

【点切断】用要素上的一个点将要素切开。

操作时指示被切断的要素【要素】►◄1；指示切断线 ►◄2，原要素 ►◄1被切断成两个要素，如图1.31所示。

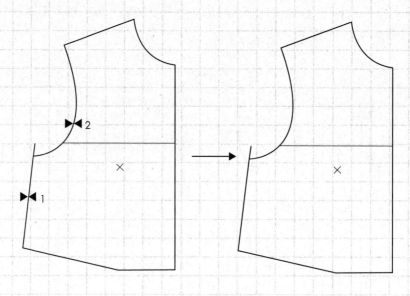

图1.31　点切断工具操作

【删除】删除指示的要素。

操作：在这里可以将【删除】工具配合不同的【要素拾取模式】进行删除练习。

① 【删除】+【要素】。指示图形要素[要素]，单击▶◀1，单击右键，领口弧线被删除，如图1.32所示。

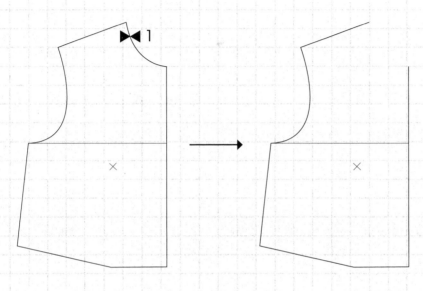

图1.32　删除工具操作（一）

② 【删除】+【领域内】。指示图形要素[领域内]，单击▼1，向右下方拖出框取区域；单击▼2，单击右键，全部被框取在区域内的要素被删除，如图1.33所示。

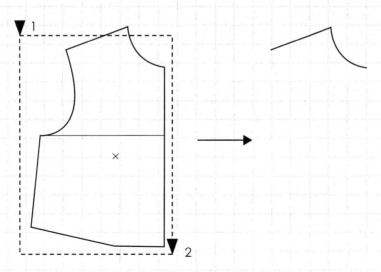

图1.33　删除工具操作（二）

③【删除】+【领域上】。指示图形要素[领域上]，单击▼1，向右下方拖出框取区域，单击▼2，单击右键，被框取在区域内及与框取区域相交的要素均被删除，如图1.34所示。

④【删除】+【不同模式】。选取要删除的要素。

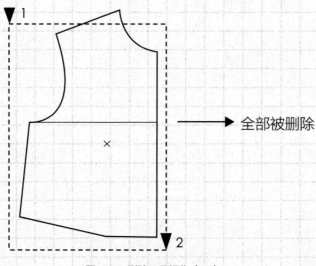

全部被删除

图1.34　删除工具操作（三）

【任意移动】任意移动要素。

操作时指示要素：[领域上]▼1和▼2，单击鼠标右键；指示移动位置：[任意点]▼3，任意移动完成，如图1.35所示。

其中，按Shift键切换到【指定移动】功能；按Ctrl键选取要素为【要素复制移动】。

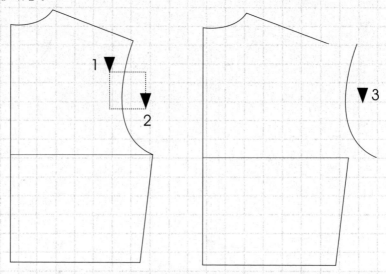

图1.35　任意移动工具操作

【指定移动】定向平移要素。

操作时指示要素：[领域上]▼1和▼2，单击右键；指示移动前后两点：[端点]►◄3到►◄4（或输入偏移量 x/y：[端点]，回车），指定移动完成，如图1.36所示。其中，按Shift键切换到【旋转移动】功能；按住Ctrl键选取要素为【要素复制移动】。

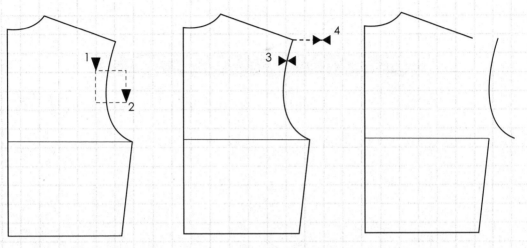

图1.36　指定移动工具操作

【要素翻转】图形关于要素对称翻转。

操作时指示图形要素：[领域上]▼1到▼2；单击右键，指示反转基准要素：[要素]►◄3，要素翻转完成，如图1.37所示。其中，按Shift键切换到【水平翻转】功能；按住Ctrl键选取要素为【要素复制翻转】。

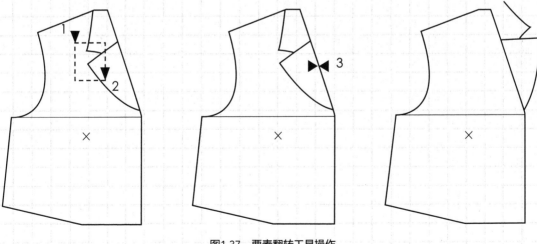

图1.37　要素翻转工具操作

【分割】分割纸样，有等分割和指定分割两种类型，是纸样变化的常用工具之一。

【分割／等分割】操作过程如下。

① 选取分割类型【等分割】。选取分割方式【定量旋转】，设定分割数为8，旋转长度为3，单击确定，如图1.38所示；指示被分割要素：[领域上]从▼1到▼2，单击右键；指示两边要素（从指示端分割）：[要素]►◄3、►◄4，单击确定，领片展开完成，如图1.39所示。

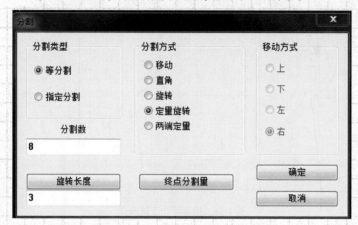

图1.38　分割工具操作（一）

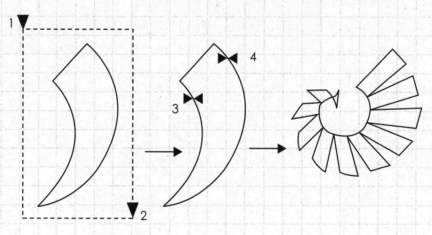

图1.39　分割工具操作（二）

【分割／指定分割】操作过程如下。

② 选取分割类型【指定分割】。选取分割方式【定量旋转】，设定旋转长度
为2，单击确定，如图1.40所示；指示被分割要素：从[领域上]▼1到▼2，
单击右键；指示分割线（从指示端分割）：[要素]►◄3、►◄4、►◄5，
单击确定，衣片展开完成，如图1.41所示。

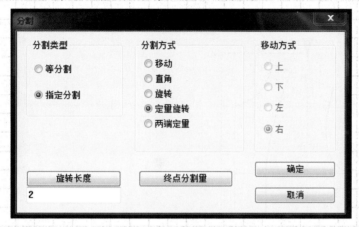

图1.40 分割工具操作（三）

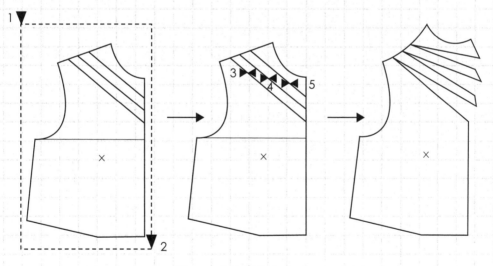

图1.41 分割工具操作（四）

【布片取出】取出闭合要素，可将其做成布片。

操作时包围被剪开的要素：[领域上]从▼1到▼2，单击右键；指示放置位置：[任意点]▼3（Ctrl键＝垂直翻转；shift＝水平翻转）；弹出【布片取出】对话框进行布片设置（包括布片名称、面料名称、选择纱线类型、方向和长度等），设置完成，单击确定；单击右键；布片取出完成（如果没有选择生成布片选项，则只取出封闭要素，不生成衣片），如图1.42所示。

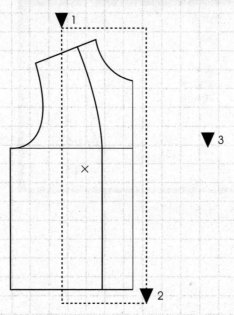

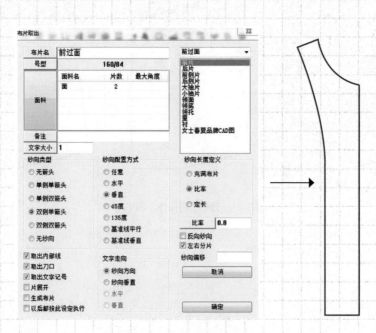

图1.42　布片取出工具操作

【对齐】使布片以某点为基准将各号型对齐。

操作时选取【对齐】工具，弹出【对齐方式设定】对话框，选取对齐方式，完成单击确定；指示对齐基准点[端点] ►◄ 1，对齐完成，如图1.43所示。

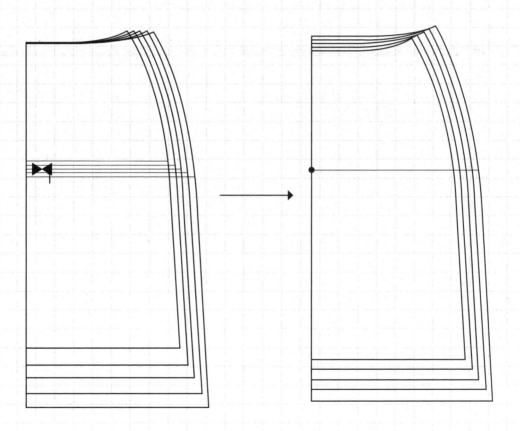

图1.43　对齐工具操作

【省道】在纸样上做省处理。

操作时选取【省道】工具，弹出【省】对话框，选取省的类型、展开方式、省的长度和省宽、移动方式和省的折线形式等，选取完成后单击确定；指示省尖[要素]▶◀1；在弹出的【省】对话框中单击确定，省道完成，如图1.44所示。

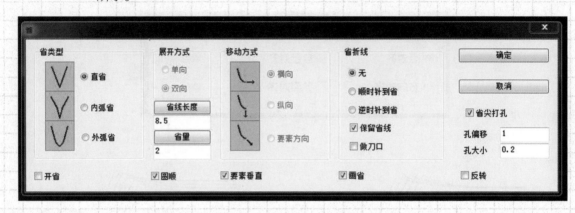

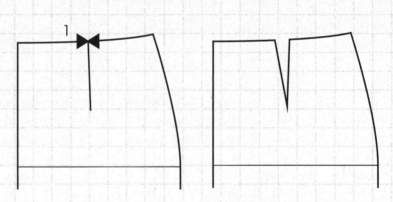

图1.44　省道工具操作

【褶】做出倒褶、对褶和平褶。

操作时选取【褶】工具，弹出【褶】对话框，选取褶的类型、褶的展开方式、斜线的设定、褶量和刀口的设置等，选取完成后单击确定；指示纸样[领域上]从▼1到▼2，单击右键；从固定侧开始指示褶线▶◀3、▶◀4，单击右键；指示倒向侧[任意点]▼5；指示固定侧[任意点]▼6；在弹出的【褶】对话框中单击确定，倒褶完成，如图1.45所示。

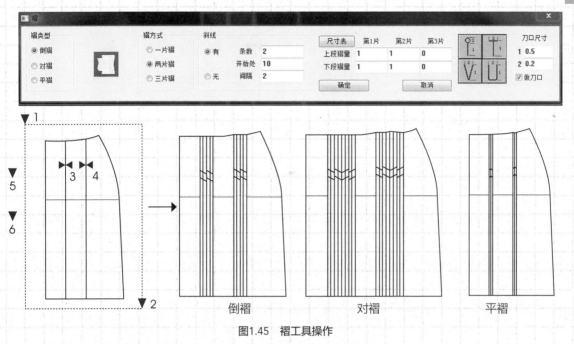

图1.45 褶工具操作

【要素长度】测定所指示要素的长度。

操作时指示要素 [领域上] 从▼1到▼2，单击右键，测量要素长度完成，如图1.46所示。

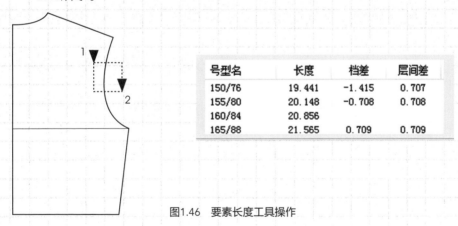

号型名	长度	档差	层间差
150/76	19.441	-1.415	0.707
155/80	20.148	-0.708	0.708
160/84	20.856		
165/88	21.565	0.709	0.709

图1.46 要素长度工具操作

【两点距离】测量任意两点间的水平距离、垂直距离、直线距离、曲线距离。

操作时指示两点：[端点] ▶◀1和▶◀2，将显示两点之间的水平距离、垂直距离、直线距离和曲线距离，如图1.47所示。

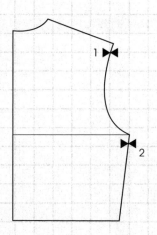

号型名	水平距离	垂直距离	直线距离	曲线距离	档差	层间差
150/76	2.333	17.556	17.71	19.441	-1.415	0.707
155/80	2.667	18.111	18.306	20.148	-0.708	0.708
160/84	3	18.667	18.906	20.856		
165/88	3.333	19.222	19.509	21.565	0.709	0.709

图1.47　两点距离工具操作

【要素长度差】测量两组要素的长度以及它们之间的差值。

操作时指示第一组要素：[领域上] ▶◀ 1和 ▶◀ 2；指示第二组要素：单击右键；指示第二组要素：[领域上] ▶◀ 3和 ▶◀ 4，将显示两组要素的长度以及它们之间的差值，如图1.48所示。

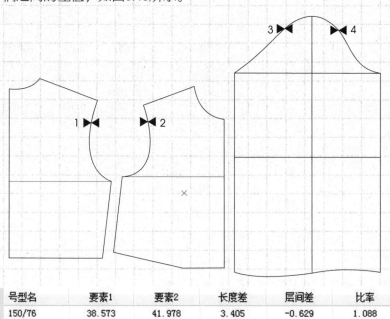

号型名	要素1	要素2	长度差	层间差	比率
150/76	38.573	41.978	3.405	-0.629	1.088
155/80	39.881	42.656	2.775	-0.613	1.07
160/84	41.189	43.351	2.162		1.052
165/88	42.501	44.059	1.558	-0.604	1.037

图1.48　要素长度差工具操作

【对合移动】对合要素，查看造型。

操作时指示移动要素[领域上]，从▼1到▼2，单击右键；指示对合要素[要素]►◄3，指示接触开始位置[要素]►◄4；指示参照要素[要素]►◄5，指示接触开始位置[要素]►◄6；指示对合点[任意点]▼7，单击右键。出现操作提示：1=结束；2=复原；3=反转；输入1回车确认，对合移动完成，如图1.49所示。

说明：【对合移动】将前后片在小肩处拼和，多为画披肩领、海军领时使用。若在肩端点处建立1～2cm的重合量，在结构上更为合理。

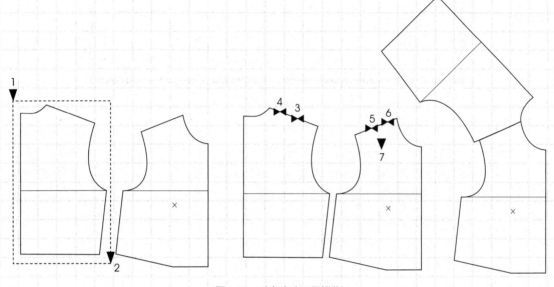

图1.49 对合移动工具操作

【输入记号】使用库中记号（可从系统记号和自定义记号中选取任意一个记号）。

操作时选取【输入记号】工具，弹出【输入记号】对话框（选取记号的类型、具体记号、记号的配置方式、确定记号的位置等），选取系统记号中的圆扣；配置方式选择"要素上"，记号位置选择"等距"，记号个数5，记号大小2（圆扣的直径），选取及设置完成后单击确定，如图1.50所示。

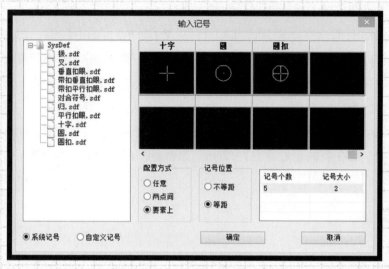

图1.50 输入记号工具操作（一）

【输入记号】选取【输入记号】工具，弹出【输入记号】对话框，选取圆扣。操作时指示两点[端点]输入距上端点的距离"1.5"，回车，指示[端点]▶◀1；输入距下端点的距离"18"，回车，指示[端点]▶◀2，作出等距圆扣，如图1.51所示。

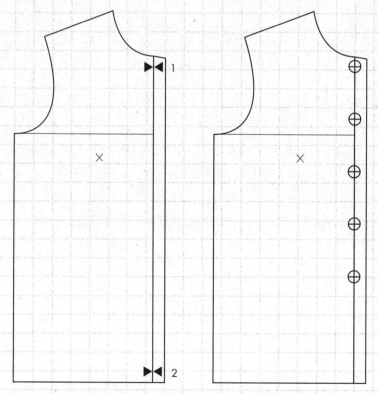

图1.51 输入记号工具操作（二）

【输入记号】选取【输入记号】工具，弹出【输入记号】对话框，选取垂直扣眼，参数设置如图1.50所示。

操作时指示两点[端点]，输入距上端点的距离"1.5"，回车，指示[端点]◄►1；输入距下端点的距离"18"，回车，指示[端点]◄►2；指示方向[任意点]▼3，作出等距扣眼，如图1.52所示。

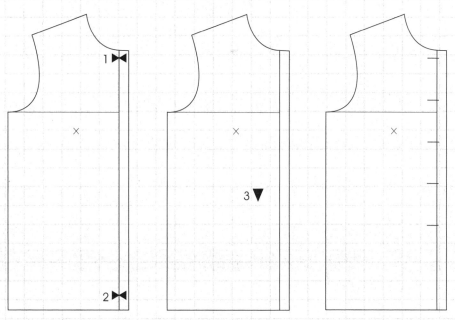

图1.52　输入记号工具操作（三）

【线型变更】变更要素的线型。

操作时指示要素 [领域上]▼1、▼2，单击右键，在对话框中选择线型，单击确定；线型变更完成，如图1.53所示。

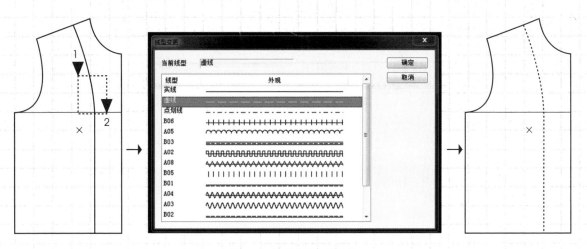

图1.53　线型变更工具操作

35

【要素刀口】在要素上作出刀口。

操作时指示要作出对刀的要素（从始点侧开始）[要素] ►◄ 1；指示出头方向 [任意点]▼2，单击[右键]，弹出【刀口设定】对话框（选取刀口的类型、刀口呈现出的状态、刀口设置的数值等），设置完成后单击确定，如图1.54所示。

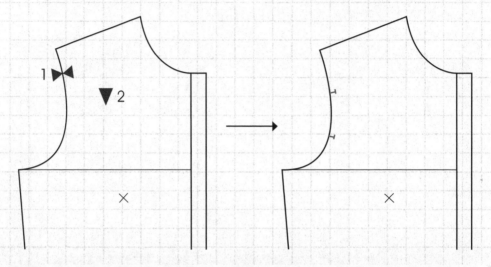

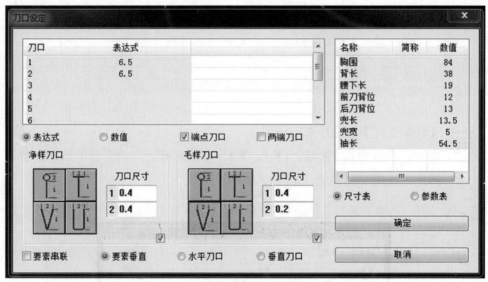

图1.54　要素刀口工具操作

【输入文字】输入字符串。

操作时选取【输入文字】，弹出【文字输入设定】对话框，填写要输入的文字内容，输入文字属性（文字输入方式、文字大小、文字类型、文字的对齐方式等），设置完成后单击确定；指示文字位置[任意点]▼1，单击右键，在弹出的【文字输入设定】中单击取消，输入文字完成，如图1.55所示。

图1.55　输入文字工具操作

【布片做成】将闭合要素做成布片，使其具有布片的特性。

操作时指示布片[领域上]▼1、▼2，单击右键，出现【布片做成】对话框，填写布片名、面料名称，选择纱向类型及方向和长度，单击确定，布片做成完成，如图1.56所示。

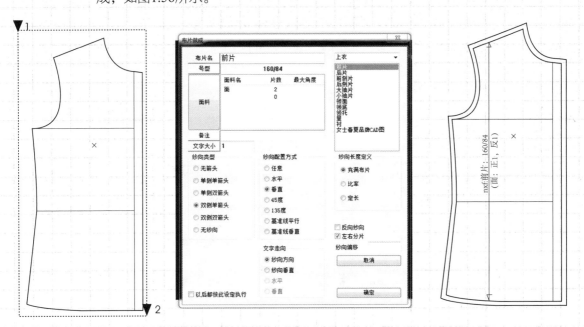

图1.56　布片做成工具操作

【号型】编辑和修改当前纸样的尺寸表。

操作时选取【号型】，弹出【号型】对话框，可以进行添加和删除号型，修改尺寸表，修改号型属性等，如图1.57所示。

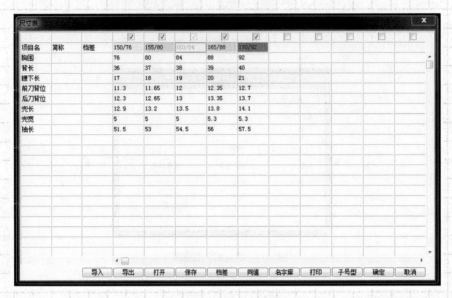

图1.57 号型工具操作

【设定】设定系统的默认选项。

操作时注意最下面的圆圈有三种显示颜色的方式：可以按号型显示，按面料显示，按要素显示；其他项目前面有勾选为显示，无勾选为隐藏，后侧颜色可以设定其在按要素显示时的颜色，如图1.58所示。

图1.58 设定工具操作

【建立曲线联动关系】建立曲线之间的联动关系。

操作时指示曲线1（指示固定端或拼合端）[要素] ►◄1、►◄2，单击[右键]；指示曲线2（指示固定端或拼合端）[要素] ►◄3，单击右键，出现【建立曲线联动关系】对话框；根据需要选择长度联动关系以及和曲线2的联动关系，选择完成，选取确定，如图1.59所示。

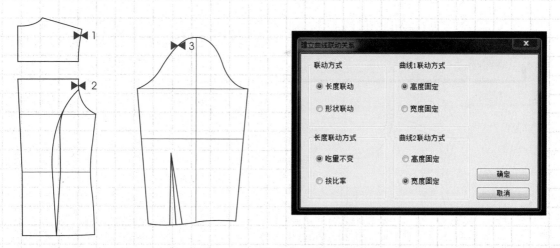

图1.59　建立曲线联动关系工具操作

【宽度变更】修改缝边的宽度。

操作时指示净线[要素] ►◄1，单击右键，输入缝边宽度4cm，回车确认；完成修改缝边的宽度，如图1.60所示。

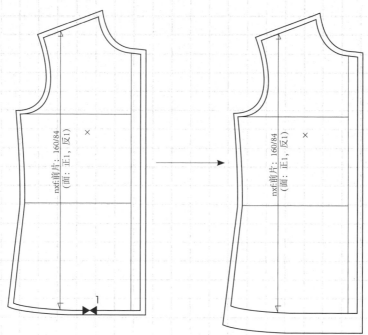

图1.60　宽度变更工具操作

【角变更】修改缝边角。

操作时指示角的基准线[要素]▶◀1，点击右键，弹出【缝边角】对话框，选择需要的角的类型，选取反转角，输入反转距离4cm，单击确定，角变更完成，如图1.61所示。

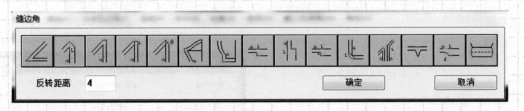

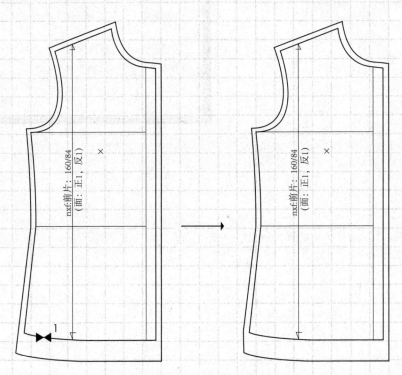

图1.61　角变更工具操作

【关于NacPro】以下介绍有关北京日升天辰电子有限责任公司及本软件产品的相关信息。

操作时：单击【关于NacPro】，出现产品主页、热线和传真等相关信息，如图1.62所示。

关于 NacPro

NacPro 版本1.00
版权所有 (C) 2006-2007 北京日升天辰电子有限责任公司
公司及产品信息：

确定

产品ID：
主页：www.nissyo.com
热线：8610-58561075转831
传真：8610-58561788

警告：本计算机程序受著作权法和国际公约的保护，
未经授权擅自复制或传播本程序的部分或全部，
可能受到严厉的民事及刑事制裁，
并将在法律许可的范围内受到最大可能的起诉。

图1.62 关于NacPro系统信息

第二章
下装制板

一、实训内容
第一节 基础裙CAD制板实例
第二节 基础裤CAD制板实例

二、实训目的
1. 通过对掌握基础裙CAD制板的学习，使学生在掌握基础裙CAD制板的基础上，通过训练，掌握其他变款裙的CAD制板方法。
2. 通过对基础裤CAD制板的学习，使学生在掌握基础裤CAD制板的基础上，通过训练，掌握其他变款裤的CAD制板方法。

三、实训课时
一周，共计18学时

四、实训方法
1. 通过教师示范，学生根据教师要求进行基础裙、基础裤的CAD制板。
   实训时间：10学时
2. 选择2～3款裙子造型进行CAD制板技能的拓展训练。
3. 选择2～3款裤子造型进行CAD制板技能的拓展训练。
   实训时间：8学时

第一节
基础裙CAD制板实例

学习目标 通过训练，使学生掌握基础裙CAD制板的基本思路和步骤方法，熟练运用服装CAD系统进行裙子的纸样制作。

训练重点 基础裙CAD制板。

训练难题 变款裙的纸样制作。

训练时间 4学时

图2.1 效果图

1. 款式分析（图2.1～图2.2）

此款裙子是裙装中的基本原型，造型为H形，具备了裙子的基本构成要素，由前身、后身、腰头三部分组成。前身腰部左右对称，各有两个省道，前身为整片无分割线；后身左右分开腰部各有两个省道。在中缝处开拉锁，裙下口加入开衩。

规格确定	单位：cm
裙长	62
腰围	70
臀围	94

图2.2 款式图

2. 结构图（图2.3）

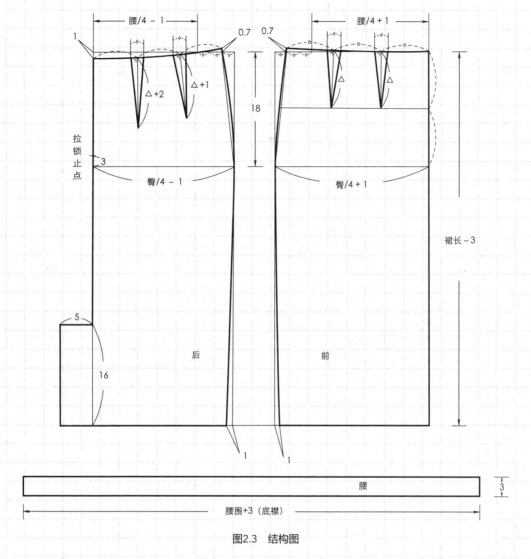

图2.3 结构图

结构图重点提示：

① 前后裙长均减去3cm腰头宽绘制水平线、裙摆线。

② 腰臀距按18cm绘制臀高线。

③ 前后臀围肥按成品规格的1/4计算，根据造型要求前片加1cm，后片减去1cm。

④ 前后腰围肥按成品规格的1/4计算，根据造型要求前片加1cm，后片减去1cm。

⑤ 前后腰省各2个，每个省宽为裙片腰围与臀围差的1/3，前省长为腰臀距1/2；后省长一个在前省长基础上加1cm，另一个在前省长基础上加2cm。

⑥ 前裙片为整片，后裙片左右分开，中缝下部加入开衩量5cm，中缝上部缝制时使用拉锁制作开口。

⑦ 裙腰头宽为3cm，裙腰长在成品腰围的基础上加入3cm搭门量。

3. 基础裙打板操作步骤

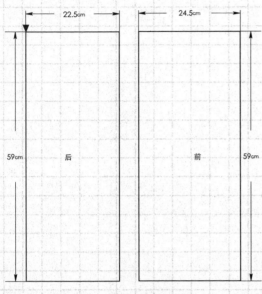

图2.4 裙子前后框架操作

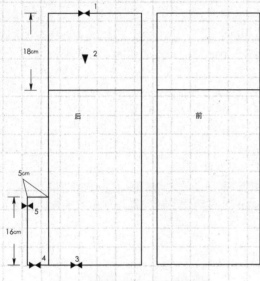

图2.5 前后臀高线、后片开衩操作

(1) 作出裙子前后框架

①后片。作矩形长为59（裙长62－裤头宽3），宽为22.5（臀围／4－1）。选取【矩形】▢，用鼠标在工作区内左上角单击▼后，向右下拖动鼠标，在输入框中输入"22.5，－59"，回车，出现所要的矩形，如图2.4所示。

②前片。方法同上。在输入框中输入"24.5，－59"，回车，出现所要的矩形，如图2.4所示。

(2) 作出前后臀高线

①后片臀高线。选取【间隔平行线】◊ 在输入框中输入数值"18"，回车，指示被平行要素▶◀1，指示平行侧▼2，后片臀高线完成，如图2.5所示。

②前片臀高线。方法同上。

(3) 作出后片开衩

①选取【修改要素】⟍，在对话框中选择延长，输入数值"5"，回车，指示伸缩端▶◀3，单击右键确认，再次出现对话框；直接点确定，后开衩底边线完成。

②选取【垂线】⟍，单击基准要素▶◀4，输入垂线长度"16"，回车；指示通过点▶◀4；指示垂线延伸方向：裙底摆线上侧，垂线制作完成。

③选取【画线】╱，单击[端点]▶◀5，按shift键，输入数值"5"，回车，开衩绘制完成，如图2.5所示。

(4) 作出前后腰起翘线

①后片腰口起翘线。选取【垂线】✍，指示基准要素 ▶◀ 1，输入垂线长度"0.7"，指示通过点：输入"20.5"，回车，再次指示 ▶◀ 1的位置；指示垂线延伸方向：上平线上侧，在a点处作 出后片腰口起翘线，如图2.6所示。

②前片腰口起翘线。方法同上。

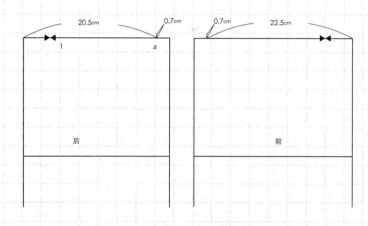

图2.6　前后腰起翘线操作

(5) 作出前后腰口线

①作出后片腰口线。选取【画线】🖊，指示点列：输入数值"1"，回车；指示[端点] ▶◀ 1、[任意点]▼2、[任意点]▼3，输入数值"0"，回车，指示[端点] ▶◀ 4；后片腰口线完成，如图2.7所示。

②作出前片腰口线。选取【画线】🖊，指示点列：指示[端点] ▶◀ 5、[任意点]▼6、[任意点]▼7，按下F2切换成端点模式，指示[端点] ▶◀ 8；前片腰口线完成，如图2.7所示。

③选取【修改点】🖊，调整前、后片腰口线。

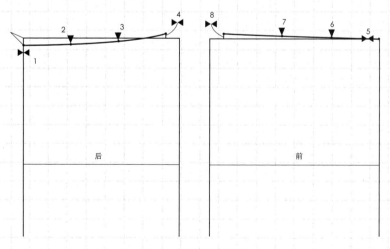

图2.7　前后腰口线操作

(6) 作出前后侧缝线

①作出后片侧缝线。选取【画线】 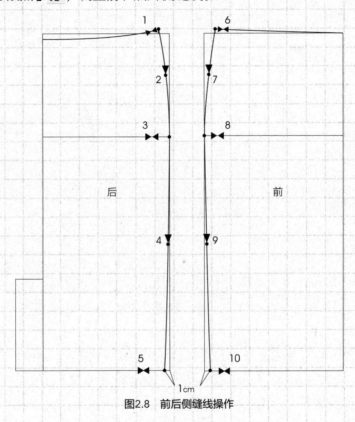，指示点列：指示[端点] ►◄ 1、[任意点] ▼2、[端点]▼3、[任意点]▼4，输入数值"1"，回车，指示[端点] ►◄ 5，后片侧缝线完成，如图2.8所示。

②作出前片侧缝线。方法同上。指示点列：►◄ 6、▼7、►◄ 8、▼9，输入数值"1"，回车，指示[端点] ►◄ 10；前片侧缝线完成，如图2.8所示。

③选取【修改点】，调整前、后片侧缝线。

图2.8 前后侧缝线操作

(7) 作出前后片省道线

选取【垂线】，作出前后片省道，省道位置、长度、省宽如图2.9所示。

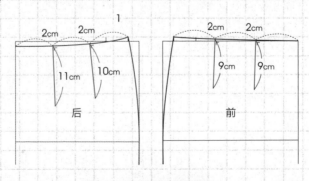

图2.9 前后片省道线操作

(8) 作出前后片省道

①选取【省道】 🖊 。弹出关于[省]的对话框，分别设置省类型、展开方式、省折线和省尖打孔等，选取画省、要素垂直、圆顺；省长11，省宽2，如图2.10所示。

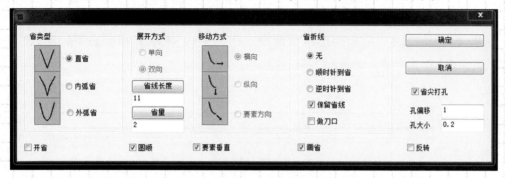

图2.10　前后片省道操作

②作出后片省道。选取【省道】 🖊 ，在[省]的对话框中设置完成后，指示开省位置[投影点]，指示 ▶◀ 1、▶◀ 2，在弹出的对话框中单击确定，后片11cm的省道完成，如图2.11所示。

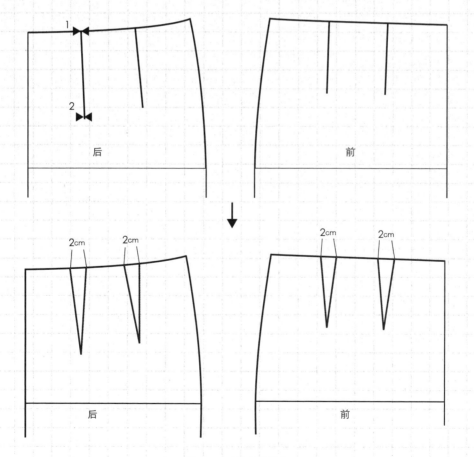

图2.11　后片省道操作

③其他省道方法同上。

④选取【纸样】中的【省的圆顺】，将前后片的腰口线修顺。

(9) 作出腰

选取【矩形】□。指示矩形对角两点：指示▼1，拖动光标向右下，输入"73，
−3"，回车，腰头完成，如图2.12所示。

图2.12　腰操作

(10) 基础裙净板完成

基础裙净板已完成，选取【删除】✖，去掉多余辅助线，如图2.13所示。

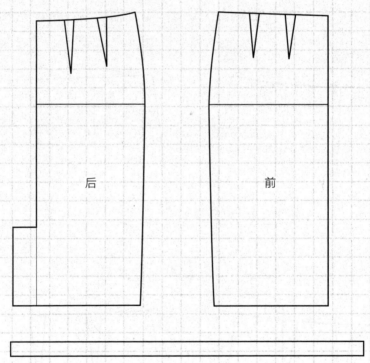

图2.13　基础裙净板

(11) 制作布片

①制作布片。选取【布片做成】，指示布片[领域上]▼1、▼2，单击右键，出现【布片做成】对话框，填写布片名、面料名称，选择纱向类型、方向和长度，单击确定，布片做成完成，如图2.14所示；前片和腰的布片做成方法同上。

②宽度变更。选取【宽度变更】，指示前后片下摆处净线▶◀1、▶◀2，单击右键，输入缝边宽度4cm，回车确认，下摆宽度变更完成，如图2.15所示。

③角变更。选取【角变更】，指示修改角的基准线▶◀1、▶◀2，出现[缝边角类型]对话框，选取[反转角]，选取确定，基准线1的修改角完成。指示修改角的基准线▶◀3、▶◀4，出现[缝边角类型]对话框，选取[直角]，选取确定，前后片修改角完成，如图2.15所示。

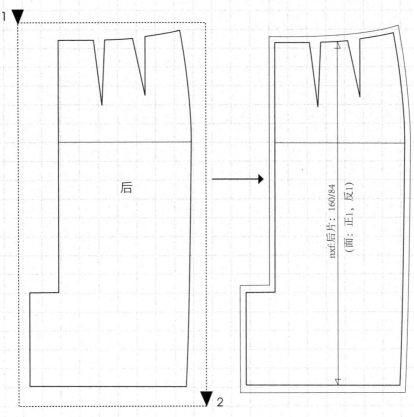

图2.14　制作布片操作（一）

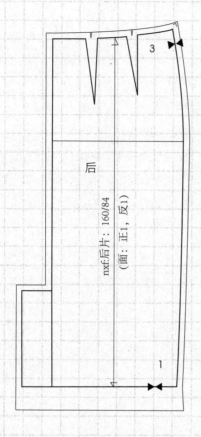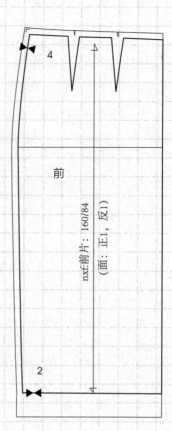

后

nxf:后片：160/84
（面：正1，反1）

3

1

前

nxf:前片：160/84
（面：正1，反1）

4

2

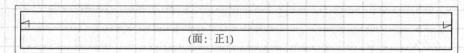

（面：正1）

图2.15　制作布片操作（二）

4. 基础裙工业板（图2.16）

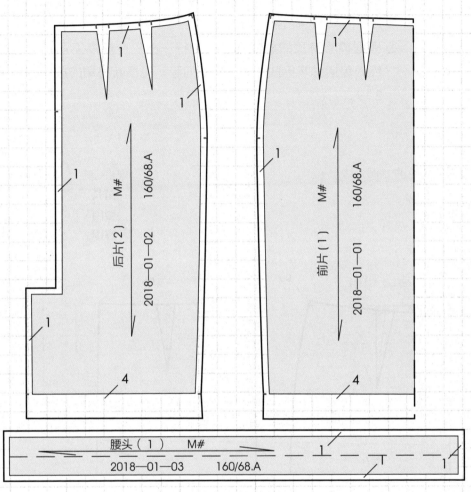

图2.16　放缝样板图

样板裁片	
前片	1片（整）
后片	2片
腰头	1片（里、面）

课堂训练作业

① 根据两款裙子的结构图进行比例制板训练（见横断身裙结构图2.17；A型对褶裙结构图2.20）。

② 根据横断身裙的放缝样板图进行作出工业板及工业板标注训练，包括文字标注、丝道、对刀等，见横断身裙的放缝样板图2.19。

5. 横断身裙（图2.17~图2.19）

规格确定	单位：cm
裙长	60
腰围	70
臀围	92

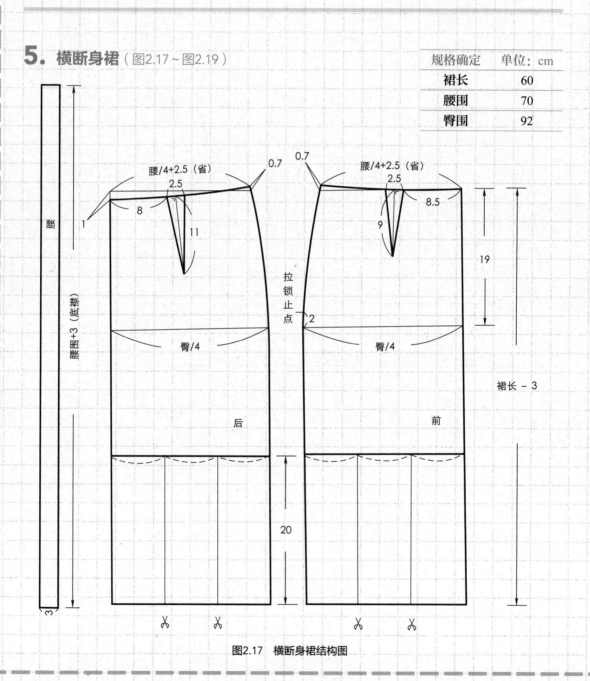

图2.17 横断身裙结构图

课后作业

① 根据两款裙子的款式图进行原型制板训练（见横断身裙款式图2.18；A型对褶裙款式图2.21）。

② 查找裙子款式4~5款，制出基础板。

图2.18　横断身裙款式图

6. CAD制板操作重点提示

① 将前后裙片的整体框架及内分割画好之后，选取【分割】工具■，选取[制定分割]，[移动]，将前后裙片从横断身处上下剪开。

② 再次选取【分割】工具■，选取[等分割]，[定量旋转]，将前后裙片的下部展开。

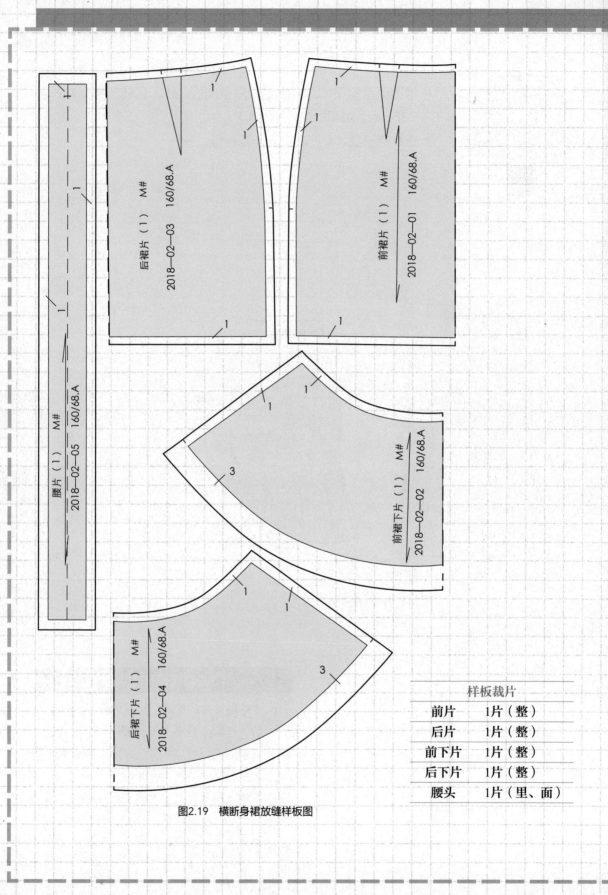

腰片（1） M#
2018—02—05 160/68.A

后裙片（1） M# 2018—02—03 160/68.A

前裙片（1） M# 2018—02—01 160/68.A

前裙下片（1） M# 2018—02—02 160/68.A

后裙下片（1） M# 2018—02—04 160/68.A

样板裁片	
前片	1片（整）
后片	1片（整）
前下片	1片（整）
后下片	1片（整）
腰头	1片（里、面）

图2.19　横断身裙放缝样板图

7. A型对褶裙（图2.20～图2.21）

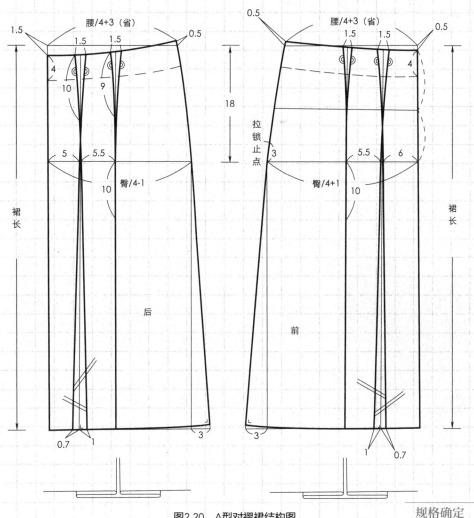

图2.20　A型对褶裙结构图

规格确定	单位：cm
裙长	60
腰围	72
臀围	93

8. CAD制板操作重点提示

① 将前后裙片的整体框架及内分割画好之后，从菜单中选取[检查]中的【两直线夹角】工具，测量前后裙片上部收省部位的夹角度数。

② 从菜单中选取[编辑]中的【角度回转】工具，将前后裙片按角度进行旋转，使腰部合并，下摆处展开。

图2.21　A型对褶裙款式图

第二节
基础裤CAD制板实例

学习目标 通过训练使学生掌握基础裤CAD制板的基本思路和步骤方法，熟练运用服装CAD系统进行裤子的纸样制作。

训练重点 基础裤CAD制板。

训练难题 变款裤的纸样制作。

训练时间 14学时

图2.22　效果图

1. 款式分析（图2.22～图2.23）

此款裤子是裤装中的基本原型，具备了裤子的基本要素；造型为锥形，由前身、后身、腰头三部分组成。前片腰部左右对称各有一个省道，后片腰部左右对称各有两个省道。前身中缝处开拉锁。

规格确定	单位：cm
裤长	98
立裆	29
腰围	72
臀围	98

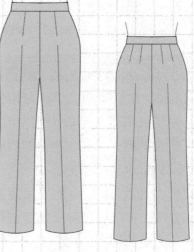

图2.23　款式图

2. 结构图（图2.24）

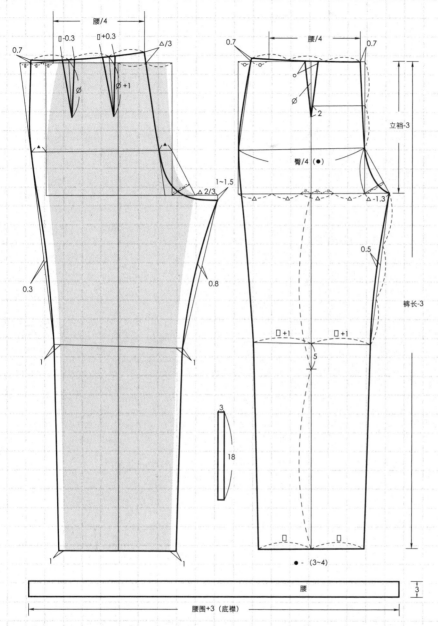

图2.24 结构图

结构图重点提示

① 前片裤长和立裆均剪掉腰头宽3cm。

② 前片腰围和臀围均按成品规格1/4计算。

③ 前片省道宽为前腰围与前臀围差的1/2，省道长是腰臀距的1/2加2cm。

④ 前小裆宽是前臀围1/4减1.3 cm。

⑤ 后裆斜线：立裆线上由前裆直线向左1 cm，与前裆直线至前裤中线的1/2相连接。

⑥ 后翘高为前臀围1/4的1/3。

⑦ 后腰围按成品规格1/4计算。

3. 基础裤打板操作步骤

(1) 前片基本框架

①作矩形。矩形长为95cm（裤长98cm—裤头宽3cm），宽为24.5cm（臀围／4）。选取【矩形】▢，用鼠标在工作区内左上角单击▼1后，向右下拖动鼠标，在输入框中输入"24.5，－95"，回车，出现所要矩形，如图2.25（a）所示。

②作前片立裆线。选取【间隔平行】 ，输入数值"26"（立裆29cm—腰头3cm），指示平行要素▶◀2，指示平行侧▼3。前片立裆线完成，如图2.25（b）所示。

③选取【画线】 。按下F3 [中心点] 指示▶◀4，按下F5 [投影点]，按下shift键，指示▶◀5，如图2.25（a）所示。

④选取【点切断】 。指示被切断的要素：▶◀6，指示切断点▶◀7，原要素在a点处被切断成两个要素，如图2.25（a）所示。

⑤选取【点切断】 。在b点处将原要素切断成两个要素，方法同上，如图2.25（a）所示。

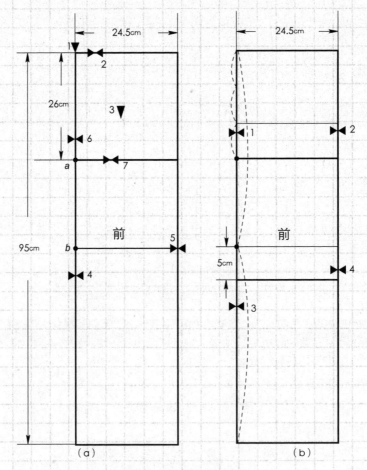

图2.25　前片基本框架操作

⑥作前片臀高线。选取【画线】，按下F6 [比率点]输入数值"0.33"，回车，指示[端点] 1，按下F5 [投影点]，按下shift键，指示 2，如图2.25（b）所示。

⑦前片中裆线。选取【画线】，[端点]输入数值"5"，回车，指示[端点] 3，按下F5 [投影点]，按下shift键，指示 4，如图2.25（b）所示，删除上面辅助线。

（2）前片裤线

①单击【修改要素】。在弹出的对话框中选取[延长]和[指示端]，在输入框中输入"4"，单击确定，指示修改要素 1；单击右键，4cm小裆宽完成，如图2.26（a）所示。

②单击【修改要素】。在弹出的对话框中选取[延长]和[指示端]，在输入框中输入"-0.4"，单击确定，指示修改要素 2；单击右键；如图2.26（a）所示。

③单击【画线】。按下F3 [中心点]，指示 3；按下F5 [投影点]按下Ctrl键，指示 4，如图2.26（b）所示。

④单击【画线】。指示[端点] 5，F5 [投影点]；按下Ctrl键，指示 6，如图2.26（c）所示。

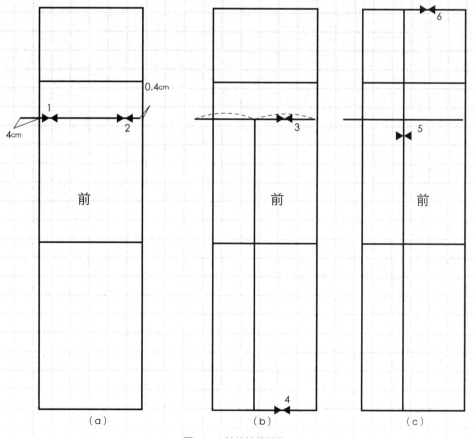

图2.26　前片裤线操作

(3) 前片小裆弯线

①选取【画线】 ✔。指示[端点] ►◄ 1，[任意点]▼2、▼3，[端点] ►◄ 4，单击右键，前片小裆弯线完成，如图2.27所示。

②选取【修改点】 ✔。指示所作的曲线，调整小裆弯线的曲度，如图2.27所示。

③选取【画线】 ✔。指示[端点] ►◄ 5，输入数值"1"，回车，指示[端点] ►◄ 6，前裆线完成，如图2.27；删除辅助线，如图2.28（a）所示。

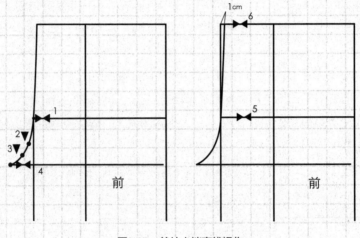

图2.27　前片小裆弯线操作

(4) 定前腰围线

①定前腰围。选取【修改要素】 ✎，在弹出的对话框中选取[指定尺寸]、[长度]和[要素方向]，输入"21.5"（腰围／4＋褶量3.25），单击确定；指示修改要素 ►◄ 1，单击右键，如图2.28（a）所示。

②选取【变形处理】 ✂。指示变形要素端点 ►◄ 2，指示变形开始位置[任意点]▼3，输入"x21.5y0.7"，回车，点击[刷新] 🖥；前片腰部起翘0.7完成，如图2.28（b）所示。

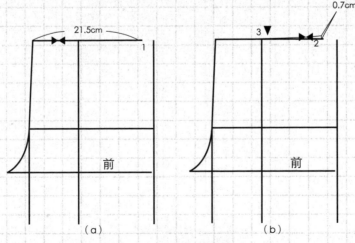

图2.28　定前腰围线操作

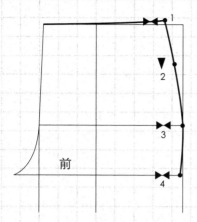

图2.29 前片立裆部分侧缝线操作

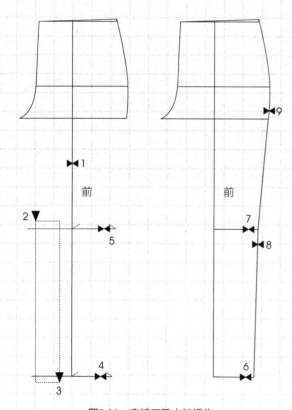

图2.30 定裤口及中裆操作

(5) 前片立裆部分侧缝线

①选取【画线】 。指示[端点] ►◄ 1，[任意点]▼2、►◄ 3、►◄ 4，单击右键，前片上部侧缝线完成，如图2.29所示。

②选取[修改点] 。把所作的曲线修改圆顺，如图2.29所示。

(6) 定裤口及中裆

①选取【单侧切除】 。指示修改侧的切断线[要素] ►◄ 1，指示修改要素▼2、▼3，单击左键，单击右键，如图2.30所示。

②定裤口、中裆。选取【修改要素】 ，在弹出的 ►◄ 对话框中选取[指定尺寸]、[长度]和[要素方向]，输入"11"，单击确定，指示修改要素 ►◄ 4，前片半裤口完成；采用同样方法，前片半中裆"12"，指示修改要素 ►◄ 5，如图2.30所示。

③选取【画线】 ，分别指示[端点] ►◄ 6、►◄ 7，单击右键；分别指示[端点] ►◄ 8、►◄ 9，单击右键，辅助线完成，如图2.30所示。

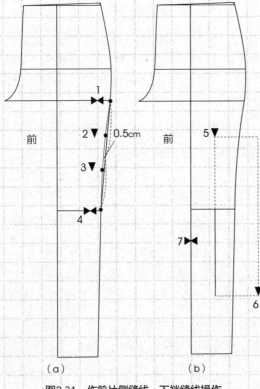

（a）　　　　　　　（b）

图2.31　作前片侧缝线、下裆缝线操作

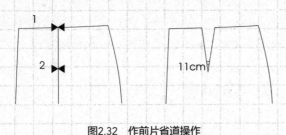

图2.32　作前片省道操作

（7）作前片侧缝线、下裆缝线

①选取【曲线】 🖊 。指示曲线点列[端点] ►◄ 1、[任意点]▼2、▼3、[端点] ►◄ 4，如图2.31（a）所示。

②选取【修改点】 🖉 。调整所作的曲线，在曲线的1/2处向内侧收0.5cm，如图2.31（a）所示。

③选取【要素翻转】 ▉ 。按住ctrl键，指示要素[领域上]▼5、▼6，单击右键，指示反转的基准点[要素] ►◄ 7；前片的下裆缝线完成，如图2.31（b）所示。

（8）作前片省道

选取【省道】 🖐 。在弹出的【省】对话框中选取，省线类型[直省]；省线长度[11]、省量[3.25]；移动方式[横向]；省折线[无]、[保留省线]；省尖打孔，孔偏移[1]、孔大小[0.2]；在【省】对话框下面勾选[圆顺]、[要素垂直]、[画省]，设置完成，点击确定；指示开省位置[投影点] ►◄ 1、►◄ 2，单击右键，在出现的对话框中点击确定，前片省道完成，如图2.32所示。

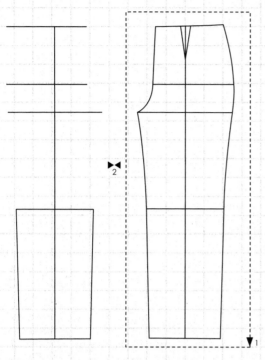

图2.33　后片基础线操作

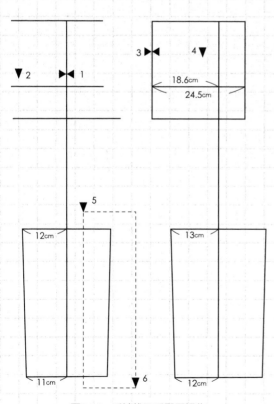

图2.34　后裤线及后臀围操作

(9) 后片基础线

①选取菜单【编辑】中的[垂直翻转]，按住ctrl键，指示要素[领域上]框取要翻转复写的要素▼1，单击右键；指示翻转基准点[要素]►◄2，前片垂直反转复写完成，如图2.33所示。

②选取[删除]工具 ✖，把不要的要素删除，如图2.33所示。

(10) 作后裤线及后臀围

①作后裤线。选取【间隔平行线】 ⫸，输入平行间隔"18.6"（臀围／10×2－1），回车，指示平行要素►◄1，指示平行侧▼，回车，后裤线完成，如图2.34所示。

②作后臀围肥。选取【间隔平行线】 ⫸，输入平行间隔"24.5"（臀围／4），回车，指示平行要素►◄3，指示平行侧▼4，后臀围肥完成，如图2.34所示。

③选取【删除】 ✖，删除不要的要素，如图2.34所示。

④展宽后裤口、后中裆。选取"菜单"中[修改]的【端点移动】工具，指示移动要素[任意点]▼5、▼6，输入"×1"，回车，后裤口、中裆的右侧向外展宽1cm；左侧方法同上，输入"×－1"，回车，后裤口、中裆的左侧向外展宽1cm，如图2.34所示。

(11) 后裆曲线

①选取【修改要素】\。在出现的对话框中选择延长，输入数值"1"，单击确定。指示线的伸缩端[要素] ►◄1，单击右键确定，如图2.35（a）所示。

②作后片立裆下移线。选取【画线】，指示延长1cm之后的端点 ►◄2，按住shift键，指示 ►◄3；立裆下移线完成 ✐，如图2.35（a）所示。

③选取【线切断】工具 ⋈。把上平线在后裤线a点处切断，如图2-35（a）所示。

④选取【画线】✐。指示垂直线两点位置，[中心点] ►◄4，按下ctrl键，输入数值"2.5"，回车，后片腰部起翘线完成，如图2.35（a）所示。

⑤选取【画线】✐。连接b点和c点；选取【修改要素】\，延长要素长度至立裆下移线上的d点；选取【线切断】工具 ⋈，把立裆下移线在d点处切断，如图2.35（b）所示。

⑥选取【修改要素】\。在出现的对话框中选择[指定尺寸]，输入长度"9.8"，单击确定，指示立裆下移线的右侧端点 ►◄5，后片大裆辅助线完成，如图2.35（b）所示。

⑦作角平分线。选取【作图】中的【角平分线】，指示构成角的两条要素 ►◄6、►◄7，输入长度2.3cm，回车确认，2.3cm的角平分线完成，如图2.35（b）所示。

⑧选取【画线】✐。连接后裆曲线，指示[端点] ►◄6、[任意点]▼7、▼8、[端点] ►◄9，再用[修改点] ✐ 把曲线修改圆顺，后裆曲线完成，如图2.35（c）所示。

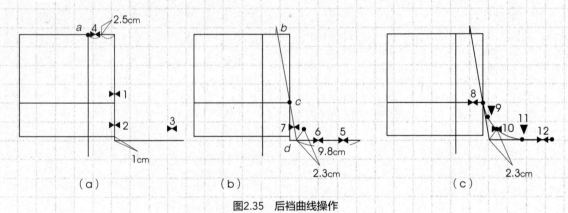

图2.35　后裆曲线操作

(12) 作后片腰围线

①选取【长度线】 📐。指示长度线起点 ►◄ 1，指示基准要素[要素] ►◄ 2，输入长度 "21.6"（腰围／4＋3.6省量），回车，后片腰围线完成，如图2.36（a）所示。

②连接辅助线。选取【画线】 ✐，指示作图两点[端点] ►◄ 3、 ►◄ 4，单击右键确认；指示[端点] ►◄ 5、 ►◄ 6，辅助线完成，如图2.36所示。

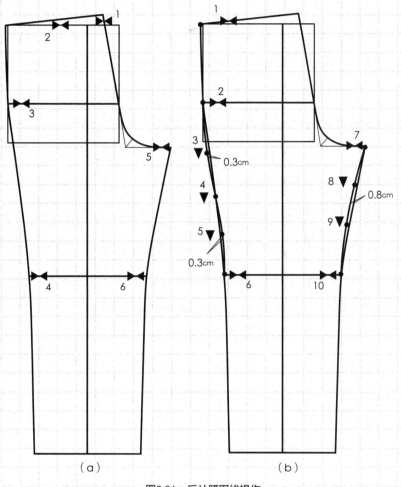

（a）　　　　　　（b）

图2.36　后片腰围线操作

(13) 作后侧缝线、下裆缝线

①作后片侧缝线。选取【画线】 ✐，指示曲线点列[端点] ►◄ 1、[端点] ►◄ 2，[任意点]▼3、▼4、▼5，[端点] ►◄ 6，后片侧缝线完成，如图2.36（b）所示。

②作后片下裆缝。选取【画线】 ✐，指示曲线点列[端点] ►◄ 7，[任意点]▼8、▼9、[端点] ►◄，后片下裆缝完成，如图2.36（b）所示。

③选取【修改点】 ✍。调整所作的后片侧缝线和下裆缝的曲度，如图2.36（b）所示。

(14) 作后片腰省线

选取【省道】🔲。在弹出的【省】对话框中选取，省线类型[直省]；省线长度[11]、省量[1.8]；移动方式[横向]；省折线[无]、[保留省线]；省尖打孔，孔偏移[1]、孔大小[0.2]；在【省】对话框下面勾选[圆顺]、[要素垂直]、[画省]，设置完成，单击确定；按下F6，输入0.33，回车确认，指示开省位置[比率点]▶◀1、▶◀2，如图2.37（a）所示；在出现的对话框中修改省线长度为[12]，单击确定，后片省道完成，如图2.37（b）所示。

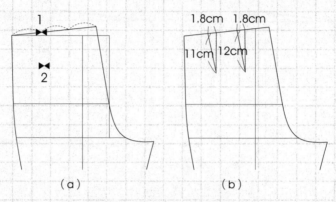

图2.37　后侧缝线、下档缝线操作

(15) 前后片完成图

选取【删除】✖。删除不要的辅助线，完成前后片净板，如图2.38所示。

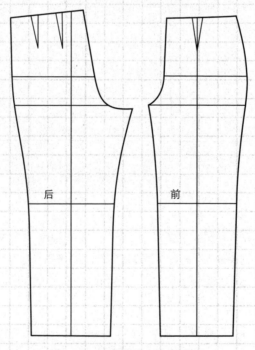

图2.38　后片腰省线、前后片操作

(16) 前后片加缝边

①作后片缝边。选取【布片做成】 ，指示布片[领域上]▼1、▼2，单击[右键]，出现【布片做成】对话框；填写布片名，面料名称，选择纱向类型、方向和长度，单击确定，布片做成完成，如图2.39所示。

②作前片缝边。选取【布片做成】 ，方法同上，如图2.39所示。

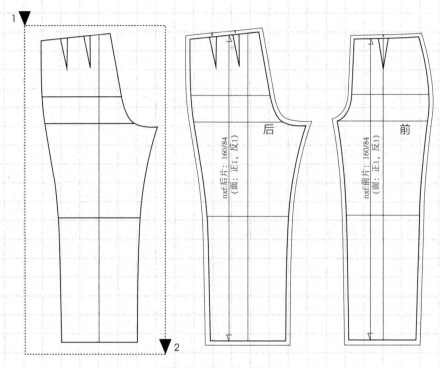

图2.39　前后片加缝边操作

(17) 后片缝边宽度变更

①作后片缝边宽度变更。选取【宽度变更】工具 ，指示缝边线1，输入宽度"2/1"（起点、终点宽度不一致时，以宽度1／宽度2的形式输入），回车，后片缝边宽度改变完成，如图2.40所示。

②作前、后片裤口缝边宽度变更。

选取【宽度变更】工具 ，裤口缝边4cm，方法同上，如图2.41所示。

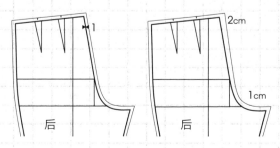

图2.40　后片缝边宽度变更操作

(18) 前后片角变更

①作前后片角变更。选取【角变更】 🗗，指示修改角的基准线，弹出[缝边角类型]对话框，选择角的修改类型：修改角1、角2，选择"直角"，修改角3、角4、角5、角6，选择"反转角"，如图2.41所示。

②省道处的缝份边缘修正。如果省量较大，有时布片生成后缝份边缘会出现内凹，此时需利用角变更中的[顺合角]进行修正。

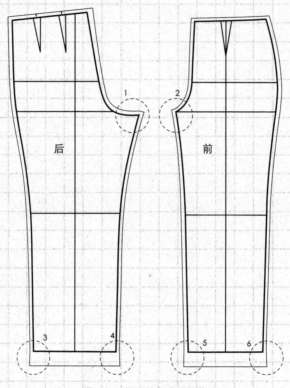

图2.41　前后片角变更操作

4. 基础裤工业板（图2.42）

样板裁片	
前片	2片
后片	2片
腰头	1片（里、面）
门襟	1片
底襟	1片

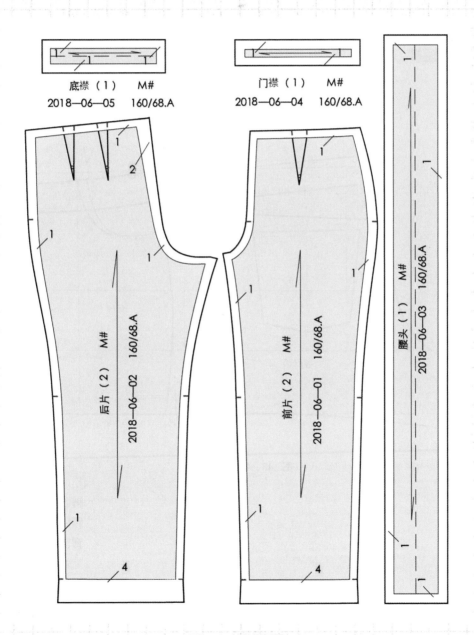

底襟（1）　M#
2018—06—05　160/68.A

门襟（1）　M#
2018—06—04　160/68.A

后片（2）　M#
2018—06—02　160/68.A

前片（2）　M#
2018—06—01　160/68.A

腰头（1）　M#
2018—06—03　160/68.A

图2.42　放缝样板图

① 根据三款裤子的结构图进行比例制板训练（见牛仔短裤结构图2.43；休闲裤结构图2.46；褶裤结构图2.48）。

② 根据牛仔短裤的放缝样板图进行做工业板及工业板标注训练（见牛仔短裤放缝样板图2.45）。

课堂训练作业

5. 牛仔短裤（图2.43~图2.44）

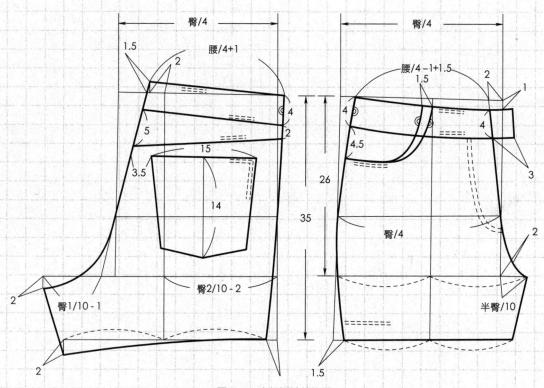

图2.43　牛仔短裤结构图

规格确定	单位：cm
裤长	35
腰围	74
臀围	26
立裆	92

课后作业

① 根据三款裤子的款式图进行原型制板训练（见牛仔短裤款式图 2.44；休闲裤款式图2.47；褶裤款式图2.49）。
② 查找裤子款式3~4款，制出基础板。

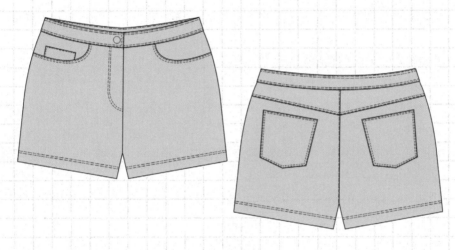

图2.44　牛仔短裤款式图

CAD制板操作重点提示（一）：

① 前裤片兜口的两条曲线。先选取【画线】工具 ，画好曲线之后，选取【修改点】工具 ，调整兜口曲线；第二条兜口曲线，选取【画线】工具 ，画好曲线之后，可以选取 "菜单"【曲线】中的 [相似]工具，用已经调整好的第一条兜口曲线作为参照，完成第二条兜口曲线。
② 兜口的两条曲线画好之后，可选取【要素长度差】工具 ，进行拼合长度检查。

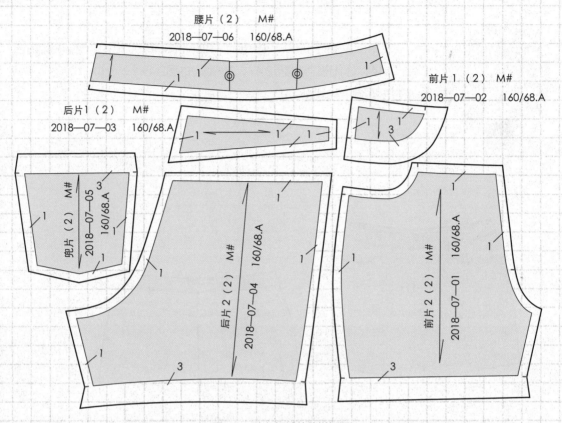

腰片（2）　M#
2018—07—06　160/68.A

前片1（2）　M#
2018—07—02　160/68.A

后片1（2）　M#
2018—07—03　160/68.A

兜片（2）　M#
2018—07—05　160/68.A

后片2（2）　M#
2018—07—04　160/68.A

前片2（2）　M#
2018—07—01　160/68.A

图2.45　牛仔短裤放缝样板图

样板裁片	
前片（1）	2片
前片（2）	2片
后片（1）	2片
后片（2）	2片
腰片	2片
门襟	1片
底襟	1片

CAD制板操作重点提示（二）：

① 前后片腰头取出之后，可采用【拼合修改】工具 ⬡，调整前后片腰头的弯曲度。

② 样片加缝边时，注意边角的修改。前后片贴边处的角，修改时选择"反转角"。

6. 休闲裤（图2.46~图2.47）

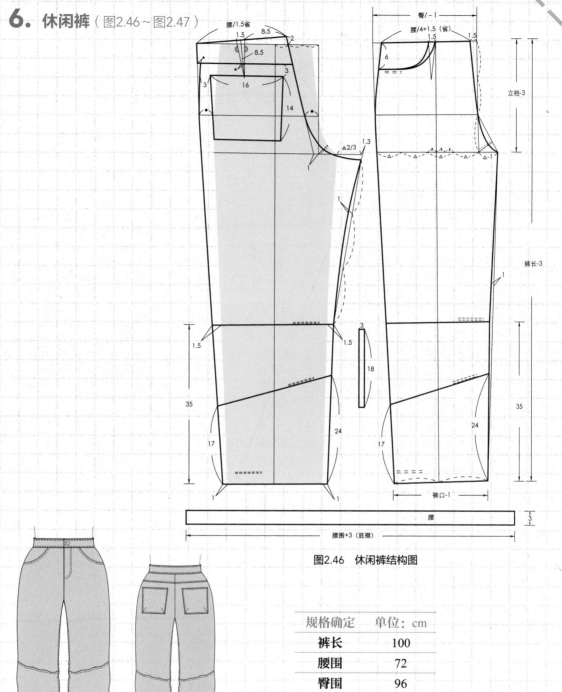

图2.46 休闲裤结构图

图2.47 休闲裤款式图

规格确定	单位：cm
裤长	100
腰围	72
臀围	96
立裆	27
裤口	23

7. 褶裤（图2.48～图2.49）

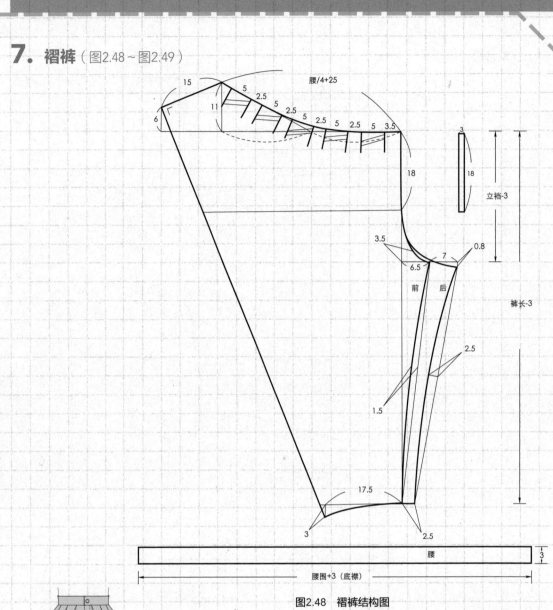

图2.48　褶裤结构图

图2.49　褶裤款式图

规格确定	单位：cm
裤长	88
腰围	68
立裆	33
裤口	18

76

3

第三章
上装制板

一、实训内容

第一节 基础衬衫CAD制板实例

第二节 西服领CAD制板实例

二、实训目的

1. 通过对基础衬衫CAD制板的学习，使学生在掌握基础衬衫CAD制板的基础上，通过训练，掌握其他变款衬衫的CAD制板方法。

2. 通过对西装领外衣CAD制板的学习，使学生在掌握西装领外衣CAD制板的基础上，通过训练，掌握其他变款外衣的CAD制板方法。

三、实训课时

两周，共计36学时

四、实训方法

1. 通过教师示范，学生根据教师要求进行基础衬衫、基础外衣的CAD制板。

   实训时间：12学时

2. 选择2~3款衬衫造型，进行CAD制板技能的拓展训练。

3. 选择2~3款外衣造型，进行CAD制板技能的拓展训练。

   实训时间：24学时

第一节
基础衬衫CAD制板实例

学习目标　通过训练，使学生掌握基础衬衫CAD制板的基本思路和步骤方法，熟练运用服装CAD系统进行衬衫的纸样制作。

训练重点　基础衬衫CAD制板。

训练难题　变款衬衫的纸样制作。

训练时间　12学时

图3.1　效果图

1. 款式分析（图3.1～图3.2）

　　此款造型是衬衫中的基本原型，具备了衬衫的基本要素，由前身、后身、袖子和领子四部分组成。前身中缝有搭门，单排扣共5粒扣子；领子为关门领；袖子为一片圆肩袖，袖口呈散口状；前片腋下有省道，衣摆为直身下摆。

规格确定	单位：cm
衣长	58
肩宽	38
胸围	94
袖长	54
袖口	23

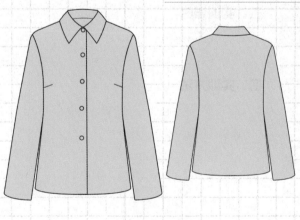

图3.2　款式图

2. 结构图（图3.3）

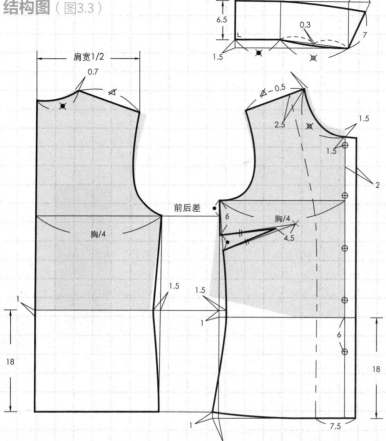

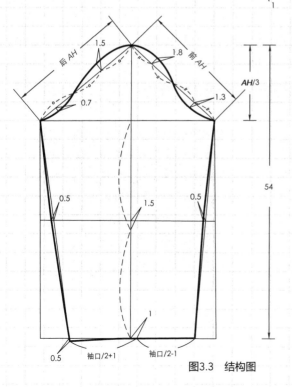

图3.3 结构图

> ### 结构图重点提示：
>
> ① 在前片腰线的基础上向上1cm画线，将后片原型的腰线与之重合摆正后画好，根据衣长分别由前腰线、后腰线向下画出衣摆线。
>
> ② 前后领宽分别在原型基础上放宽0.7cm。
>
> ③ 根据成品规格肩宽的1/2先确定后片肩宽，然后依据后小肩剪掉0.5cm绘制前小肩。
>
> ④ 根据后身袖窿深为准，水平画线至前身并量出前后差的宽度，即省道宽。
>
> ⑤ 袖长为成品规格，袖深线是前后衣身袖窿弧线长度（AH）的1/3。
>
> ⑥ 袖肥：测量前衣片袖窿弧线为前AH，测量后衣片袖窿弧线为后AH，根据其长度由袖山高分左右向袖深线上画。
>
> ⑦ 领子绘制：测量前领口和后领口尺寸，绘制1/2领子，领子宽为6.5cm。

3. 基础衬衫打板操作

3.1 基础衬衫打板操作步骤（一）

调出文化式原型

①选取菜单栏中的[文件]中的"打开"；在"我的CAD"中选取"Proto Type"，如图3.4所示。

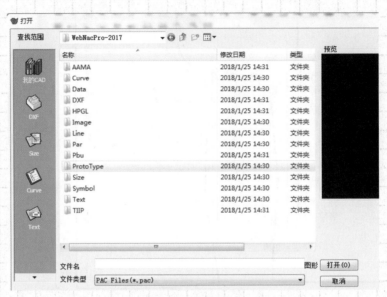

图3.4　选取操作（一）

②在"Proto Type"中选取"日本妇人原型－加袖"，单击"打开"，调出文化式原型，如图3.5所示。

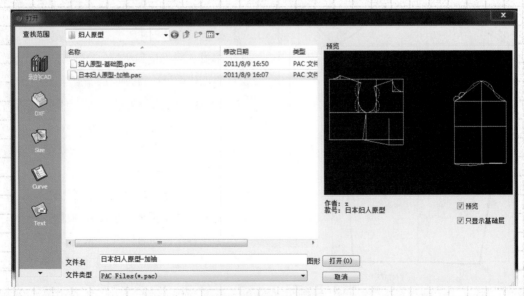

图3.5　选取操作（二）

③在打版界面中单击图层管理中的"160/84"，胸围 84cm的文化式原型调出完成，如图3.6。

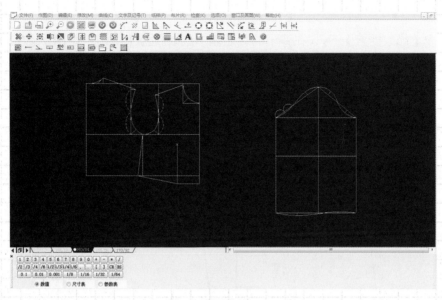

图3.6 图层管理160/84

3.2 基础衬衫打板操作步骤（二）

(1) 调出文化式原型

删除文化式原型的辅助线，将前后片拆开，另存为"日本妇人原型 – 加袖（净板）"待用，如图3.7所示。

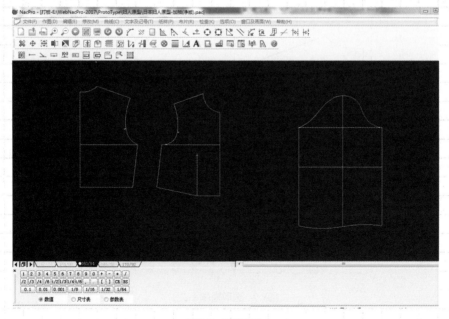

图3.7 删除操作

(2) 文化式原型前后对位

①选取【间隔平行线】 ，输入平行间隔"1cm"，回车，指示平行要素 ►◄ 1；指示平行侧[任意点]▼2，前片腰线上提1cm，如图3.8（a）所示。

②选取【修改要素】 ，在弹出的对话框中选取[延长]，[指示端]输入数值"20"，单击确定；指示修改[要素]►◄ 3，单击右键，长度调整完成，如图3.8（b）所示。

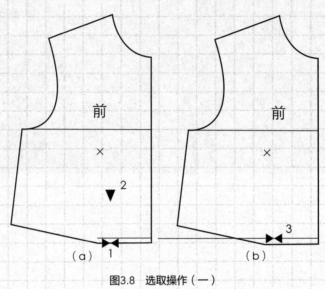

图3.8　选取操作（一）

③选取【指定移动】 ，指示要素：[领域上]▼1、▼2，单击右键；指示移动前后两点：[端点] ►◄ 3和 ►◄ 4，回车，前后片腰节线对位完成，如图3.9所示。

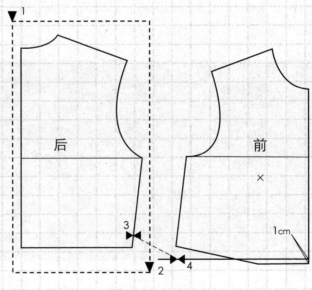

图3.9　选取操作（二）

(3) 作前后片底摆、侧缝基础线

①作前片底摆线。选取【间隔平行线】，输入平行间隔"18cm"，回车，指示平行要素 ▶◀ 1；指示平行侧：[任意点] ▼2，得到前片底摆线，如图3.10（a）所示。

②作后片底摆线。选取【间隔平行线】，输入平行间隔"18cm"，回车，指示平行要素 ▶◀ 3；指示平行侧：[任意点] ▼4，得到后片底摆线，如图3.10（b）所示。

③作前后片侧缝基础线。选取【画线】，指示垂直线两点位置：[端点] ▶◀ 5；按Ctrl键之后，在前片腰节线下侧任意点单击 ▶◀ 6，前片侧缝垂线完成，如图3.10（a）所示；后片侧缝线单击[端点] ▶◀ 7后，按Ctrl键之后，单击 ▶◀ 8，如图3.10（b）所示。

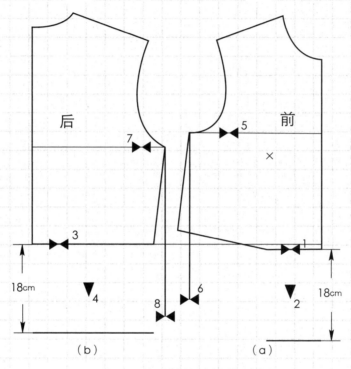

图3.10　前后片底摆、侧缝基础线操作

(4) 作前、后片框架

①选取【删除】✖，删除不必要的辅助线，如图3.11（a）所示。

②选取【连接角】↖，同时框取构成角的两条要素：▼1、▼2、▼3；分别框取构成角的两条要素▼4、▼5，如图3.11（a）所示；完成前后片基本框架，如图3.11（b）所示。

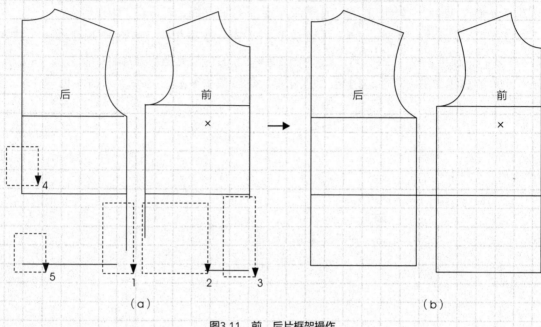

图3.11　前、后片框架操作

(5) 作前片底摆线

选取【变形处理】🖉工具，指示变形要素端点▶◀1，指示变形开始位置[任意点]▼2；指示变形后要素端点，输入"－1，1"，回车，点击[刷新]🖳，前片底摆向外展出1cm、起翘1cm完成，如图3.12所示。

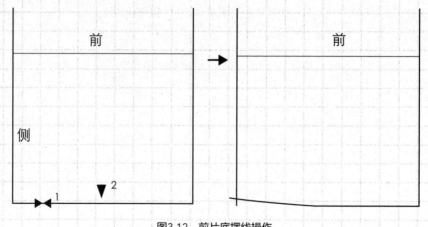

图3.12　前片底摆线操作

(6) 作前、后片侧缝线

①作前片侧缝线。选取【画线】 🖊，单击[端点] ▶◀ 1、输入数值 "1.5"，回车；单击[端点] ▶◀ 2、[任意点] ▼ 3，输入数值 "0"，回车；单击[端点] ▶◀ 4，单击右键结束；前片侧缝线完成，如图3.13（a）所示。

②作后片侧缝线。方法同上，如图3.13（b）所示。

(7) 作前片止口线

选取【间隔平行线】 ⋙ ，输入平行间隔 "2cm"，回车；指示平行要素 ▶◀ 5，指示平行侧：[任意点] ▼ 6，前片止口线完成，如图3.13（a）所示。

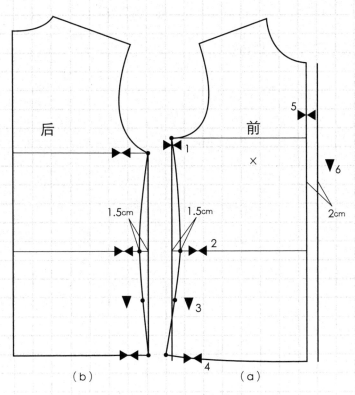

图3.13　前、后片侧缝线操作

(8) 调整前、后片领口弧线

①作前片领口弧线。选取【画线】 ✐，输入数值"0.7"，回车，单击[端点] ▶◀ 1、[任意点] ▼2、[任意点] ▼3，输入数值"1.5"，回车；点击[端点] ▶◀ 4，单击右键结束，前片领口弧线完成，如图3.14（a）所示。

②作后片领口弧线。选取【画线】 ✐，输入数值"0.7"，回车，单击[端点] ▶◀ 1、[任意点] ▼2、[任意点] ▼3，输入数值"0"，回车；[端点] ▶◀ 4，单击右键结束，后片领口弧线完成，如图3.14（a）所示。

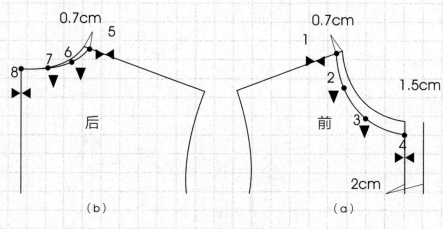

图3.14 前、后片领口弧线操作

(9) 调整前、后片袖窿弧线

①作后片袖窿弧线。选取【间隔平行线】 ⚟，输入平行间隔"19"（肩宽／2），回车；指示平行要素 ▶◀ 1，指示平行侧：[任意点] ▼2，得到一条平行线，并与后片的小肩斜线相交于a点，如图3.15（a）所示。

②作后片袖窿弧线基础线。选取【画线】 ✐，从a点起画后片的袖窿弧线，如图3.15（a）所示。

③作后片袖窿弧线。选取"菜单"中【曲线】／[相似]工具，指示参照曲线▼3，指示相似曲线▼4，单击右键，后片袖窿弧线完成，如图3.15（a）所示。

④作前片袖窿弧线。选取【画线】 ✐，从新的肩端点b点开始画前片的袖窿弧线；作成之后，可选取"菜单"中【曲线】／[相似]工具工具，根据前片原来的袖窿弧线做相似曲线处理，方法同上，如图3.15（b）所示。

⑤选取【删除】 ✖，删除不要的结构线。

⑥选取【连接角】 ⌐，连接袖窿、领口、底摆及侧缝处的边角。

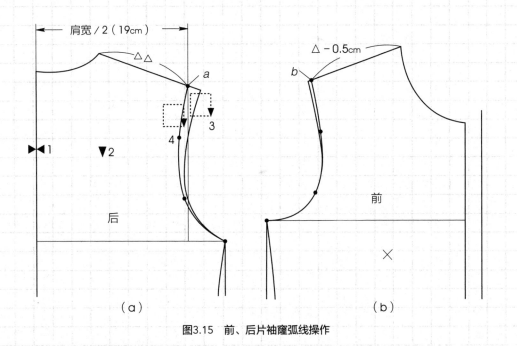

图3.15 前、后片袖窿弧线操作

(10) 测量前、后片侧缝差量

选取【要素长度差】 ，指示第一组要素[领域上]▼1，单击右键；指示第一组要素[领域上]▼1，单击右键；指示第二组要素[领域上]▼2，单击右键；弹出"要素长度差"对话框，显示出前、后片侧缝线的长度及差量（差量即前片腋下省量），如图3.16所示。

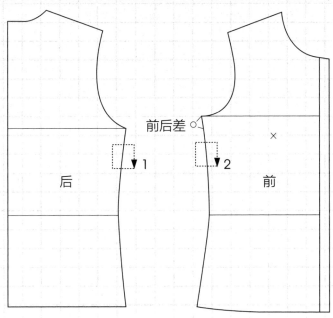

图3.16 前、后片侧缝差量操作

(11) 作前片腋下省

①选取【画线】 ✐ ，输入数值"6"，回车，指示[端点] ▶◀ 1，F3 [交点] ▶◀ 2，得到省的一条边，如图3.17（a）所示。

②选取【线切断】 ✂ ，指示被切断要素[领域上] ▼3，单击右键，指示切断线[要素] ▶◀ 4，将侧缝线在a点切断，如图3.17（a）所示。

③选取【画线】 ✐ ，指示[端点] ▶◀ 4，指示[端点]，输入数值"前后侧缝差"，回车，在侧缝线上a点下侧指示，得到省的另一条边，如图3.17（a）所示。

④选取【要素端移动】 ⬈ ，移动省尖的位置，距离BP点4.5cm，如图3.17（b）所示。

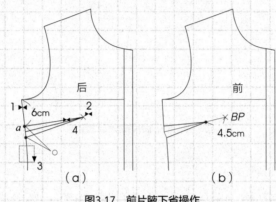

图3.17　前片腋下省操作

(12) 作领子框架

①选取【要素长度】 ⚲ ，测量前后领口长，选取【矩形】 ▢ 工具，作出领子的框架（前、后领口长6.5cm），如图3.18所示。

②选取【间隔平行线】 ⟋ 工具。做一条与领框架下平线间隔1.5cm的平行线；选取【长度线】 ◣ 工具，从a点处向1.5cm平行线上找前领口弧线长，如图3.18所示。

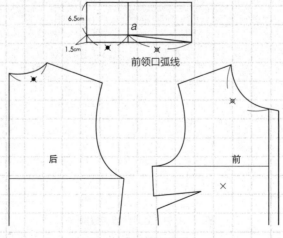

图3.18　领子框架操作

(13) 作领子

①选取【修改要素】＼，在弹出的对话框中选取[延长]；[指示端]：输入数值"4"，单击确定；指示修改要素：[要素]▶◀1，单击右键，长度调整完成，如图3.19（a）所示。

②选取【画线】✐，指示[端点]▶◀2，[任意点]▼3、▼4，输入数值"7"，回车，指示 [端点]▶◀5，单击右键结束；得到领外口弧线，如图3.19（a）所示。

③选取【画线】✐，作领子的前缀领线，注意外弧为0.3cm，如图3.19（b）所示。

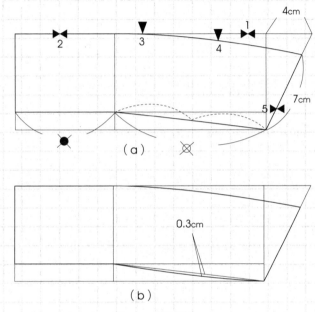

图3.19　领子操作

(14) 作袖片（一）

①选取【要素长度】⁇，测量前后袖窿弧线长。

②选取【间隔平行线】⚹，按Shift为点平行，指示平行要素（袖深线）[要素]▶◀1；指示通过点：[端点]▶◀2，得到袖子的上行线，如图3.20（a）所示。

③选取【间隔平行线】⚹，输入平行间隔量"14"，回车，指示平行要素（袖子的上行线）[要素]▶◀3；指示平行侧：[任意点]▼4，得到袖子新的袖深线，如图3.20（a）所示。

④作后袖山基础线。选取【长度线】◣，指示长度线的起点：指示[端点]▶◀5；指示基准要素（袖深线）：[要素]▶◀6；输入长度线的长度"后AH长"，回车，后袖山基础线完成，如图3.20（b）所示。

⑤作前袖山基础线。选取【长度线】◣，方法同上。

⑥选取【删除】✖，删除不要的结构线。

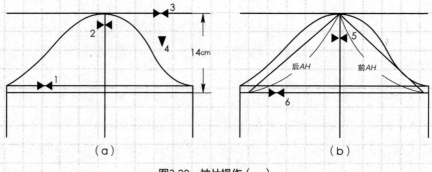

（a）　　　　　　　　　　　（b）

图3.20　袖片操作（一）

(15) 作袖片（二）

①选取【间隔平行线】 ，分别画出袖子的下平线（袖长54cm）、袖肘线，如图3.21（a）所示。

②选取【线切断】 ，在袖片的下平线上，用袖中线在a点处切断，如图3.21（a）所示。

③选取【画线】 ，从袖下平线a点切断处，向前11cm画前袖缝线，向后12cm画后袖缝线，如图3.21（b）所示。

④选取【修改要素】 ，在弹出的对话框中选取[延长]；[指示端]：输入数值"0.5"，单击确定；指示修改要素：[要素] 1，单击右键，长度调整完成，后袖缝线向下延长0.5cm，如图3.21（b）所示。

⑤选取【画线】 ，单击[端点] 2，按住Shift键，输入"12"回车；从延长的0.5cm处开始向右画出水平线12cm，如图3.21（b）所示。

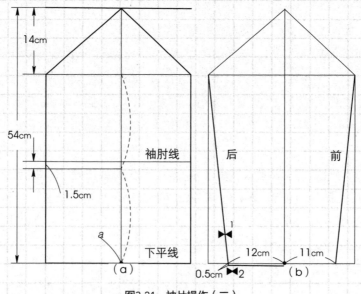

图3.21　袖片操作（二）

(16) 作袖片（三）

①作袖山弧基础线。选取【垂线】✕，分别作出4条画前、后袖山弧线的基础线，如图3.22（a）所示。

②作后袖山弧线。选取【画线】⌒，指示曲线点列：[端点]▶◀1、[任意点]▽2、[端点]▶◀3；先选取点模式[比率点]，再输入数值"0.33"，回车，指示[比率点]▶◀4；输入数值"0"，回车，指示[端点]▶◀5，[端点]▶◀6，后袖山弧线完成，如图3.22（b）所示。

③作前袖山弧线。选取【画线】⌒，指示曲线点列：[端点]▶◀1、[任意点]▽7、[端点]▶◀8、[中心点]▶◀9、[端点]▶◀10、[端点]▶◀11，前袖山弧线完成，如图3.22（b）所示。

④选取【修改点】✐，将前、后袖山弧线调整圆顺。

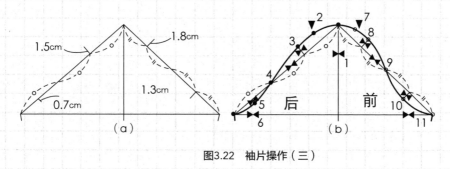

图3.22　袖片操作（三）

(17) 作袖片（四）

选取【画线】⌒，分别画出两条袖缝线和袖口线，如图3.23所示。

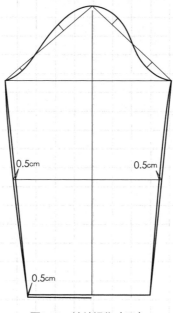

图3.23　袖片操作（四）

(18) 作过面（一）

①选取【间隔平行线】🖌，指示前片止口线，间隔为7.5cm，如图3.24（a）所示。

②选取【变形处理】🗇工具，指示变形素素端点：[端点]►◄1；指示变形开始位置[任意点]▼2；输入"2.5"，回车；指示前小肩靠近前领点位置：[端点]►◄3，如图3.24所示。

③选取【布片取出】📖，指示"取出形状－过面"，单击右键；指示放置位置[任意点]▼5，弹出"布片取出对话框"，进行设置、确定，如图3.25所示；布片取出完成，如图3.24所示。

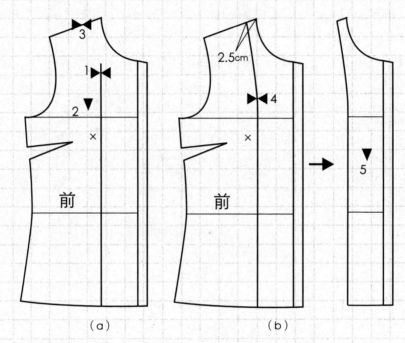

（a）　　　　　　（b）

图3.24　过面操作（一）

(19) 作过面（二）

选取"布片取出对话框"，进行设置，设置布片的名称：前过面；下料的数量2片；纱向的类型为双向；纱向的配置方式为垂直；纱向的长度为布片的80%等，如图3.25所示。

图3.25 过面操作（二）

(20) 作扣子

选取【输入记号】 ⚙️，在弹出的[输入记号]对话框中选择：[圆扣]、配置方式[两点间]、记号位置[等距]、几号个数[5]、记号大小[2]，单击确定；指示两点：上面第一粒扣位距领口1.5cm，下面一粒扣的位置用[投影点]选择确定，如图3.26所示。

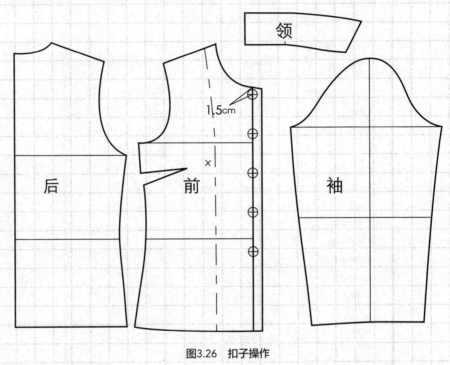

图3.26 扣子操作

(21) 基础衬衫净板完成

①基础衬衫净板完成，选取【删除】 ✖️，去掉多余的辅助线，如图3.26所示。

②选取【布片做成】 📋，为衬衫净板加缝边，生成布片，如图3.27所示。

4. 基础衬衫工业板（图3.27）

样板裁片	
前衣片	2片
后衣片	1片（整）
袖片	2片
领里片	1片
领面片	1片
过面片	2片

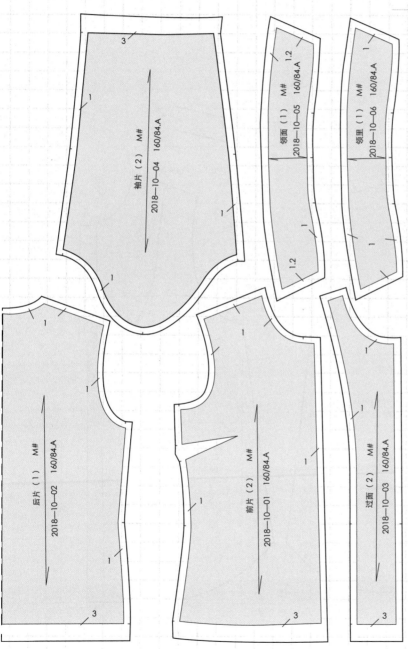

图3.27 放缝样板图

课堂训练作业

① 根据三款衬衫的结构图进行比例制板训练（见立领衬衫结构图3.28、结构图3.30；飘带衬衫结构图3.32；插肩袖衬衫结构图3.35、结构图3.37）。

② 根据立领衬衫的放缝样板图进行做工业板及工业板标注训练（见立领衬衫放缝样板图3.31）。

5. 立领衬衫（图3.28~图3.31）

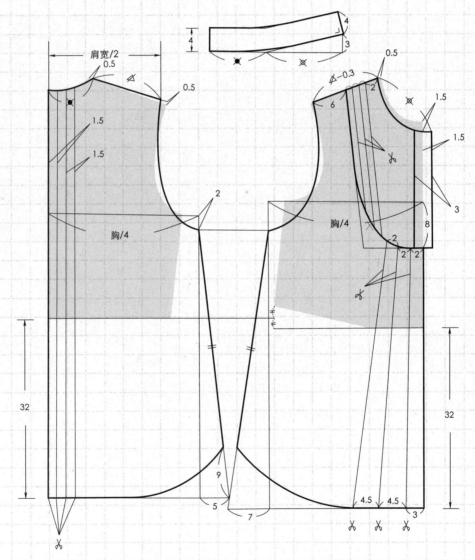

图3.28　立领衬衫结构图

课后作业

① 根据三款衬衫的款式图进行原型制板训练（见立领衬衫款式图
3.29；飘带衬衫款式图3.33；插肩袖衬衫款式图3.36）。
② 查找衬衫款式3~4款，制出基础板。

图3.29　主领衬衫款式图

规格确定	单位：cm
衣长	72
肩宽	39
胸围	104
袖长	46
袖口	24

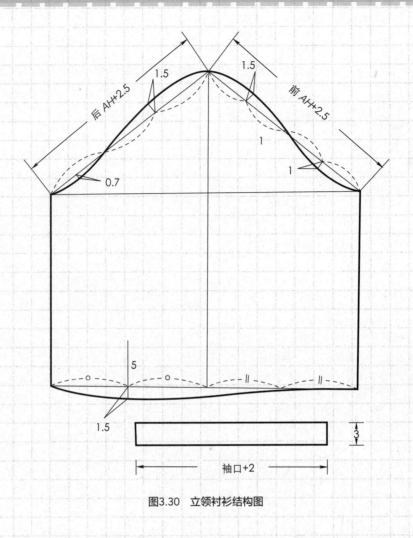

后 AH+2.5

前 AH+2.5

图3.30　立领衬衫结构图

CAD制板操作重点提示

① 衬衫前片外轮廓及内分割线画好后，先选取菜单【作图】中的[取出]工具，将前片的上中部分取出，然后再进行纸样变化。

② 前片上部的褶的展开变化，可选取【褶】 ≣ 工具中的[倒褶]，进行纸样处理。前片下部褶的展开变化，可选取【分割】 ◥ 中的[指定分割]、[定量旋转] 工具，上部褶量和底摆的褶量可以设置不同的展开量。

③ 后片中褶的展开变化，可选取【褶】 ≣ 工具中的 [平褶]工具，进行纸样处理。

④ 袖子袖口在工艺处理上要抽碎褶，可选取[菜单]中的【作图】、[褶线]工具进行标注，褶线高度可根据需要自行设定。

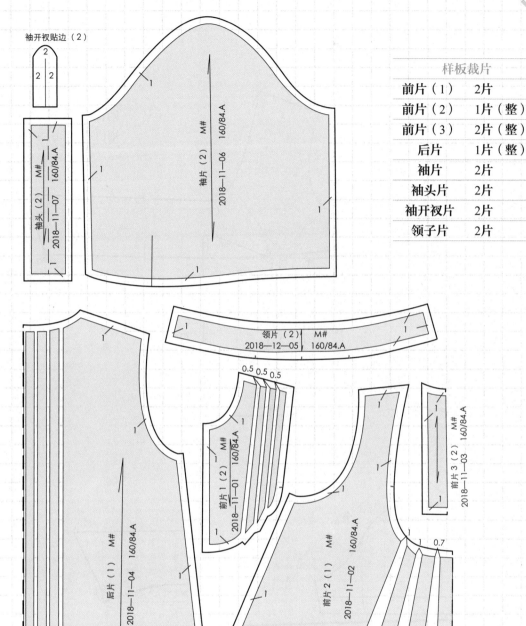

袖开衩贴边（2）

袖头（2）　M#
2018—11—07　160/84.A

袖片（2）　M#
2018—11—06　160/84.A

领片（2）　M#
2018—12—05　160/84.A

前片1（2）　M#
2018—11—01　160/84.A

前片3（2）　M#
2018—11—03　160/84.A

后片（1）　M#
2018—11—04　160/84.A

前片2（1）　M#
2018—11—02　160/84.A

图3.31　立领衬衫放缝样板图

6. 飘带衬衫（图3.32～图3.34）

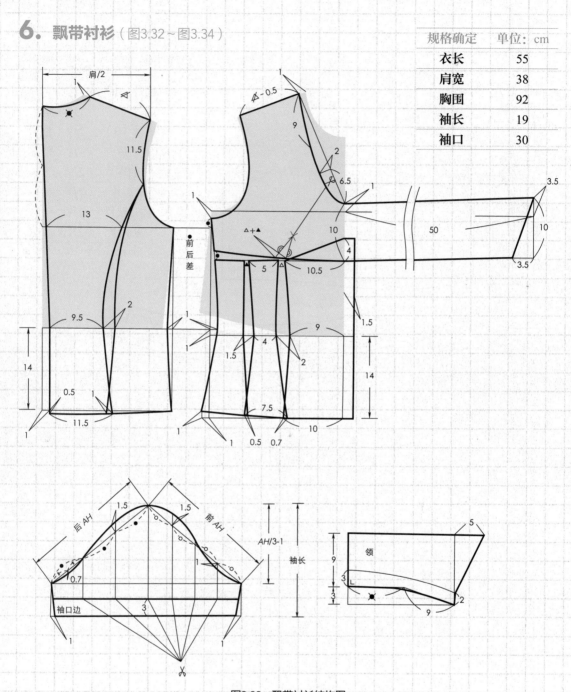

图3.32　飘带衬衫结构图

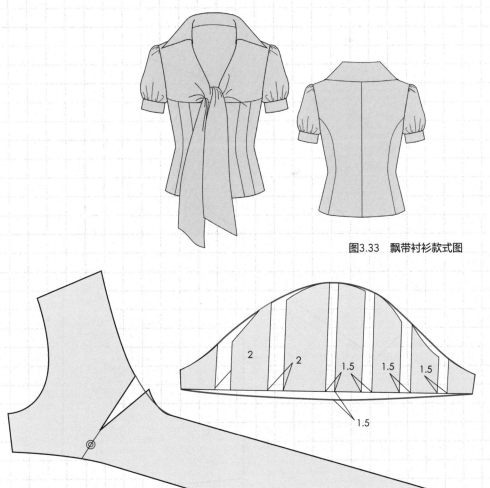

图3.33　飘带衬衫款式图

图3.34　袖片和飘带领样板变化图

CAD制板操作重点提示

① 衬衫前片外轮廓及内分割线画好后，先选取【作图】工具中的[取出]工具，将前片的上部分取出，然后再将下部分进行拆分。

② 前片上部飘带的变化，选取"菜单"中[检查]的【两直线夹角】，测量飘带领下部省道的角度。

③ 选取菜单【编辑】中的[角度旋转]，合并飘带领上的省道。

④ 选取[分割] 工具，在对话框中选取[指定分割]、[两端定量]，分别设置始点和终点的分割量，进行袖子的纸样变化。

⑤ 袖子袖口在工艺处理上要抽碎褶，可选取[菜单]中的【作图】工具中的[褶线]进行标注，褶线高度可根据需要自行设定。

7. 插肩袖衬衫（图3.35～图3.37）

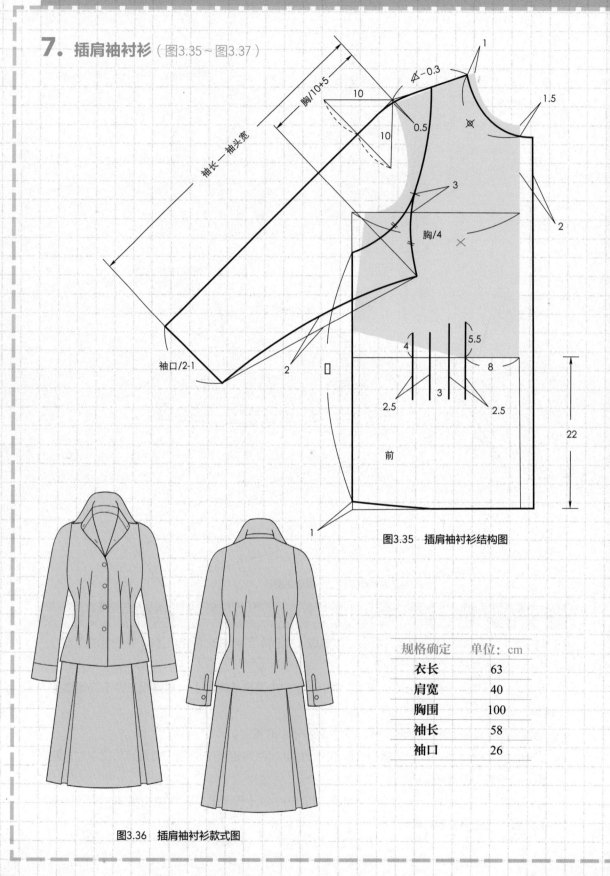

胸/10+5

袖长－袖头宽

10

△-0.3

10

0.5

1

1.5

⊘

3

胸/4

✕

2

袖口/2-1

2

4

5.5

8

2.5

3

2.5

22

前

1

图3.35 插肩袖衬衫结构图

图3.36 插肩袖衬衫款式图

规格确定	单位：cm
衣长	63
肩宽	40
胸围	100
袖长	58
袖口	26

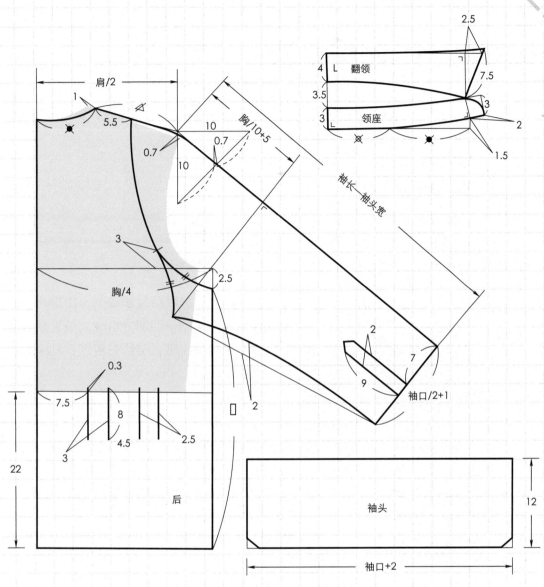

图3.37 插肩袖衬衫结构图

CAD制板操作重点提示

① 插肩袖的袖长线可选取【角度线】工具，指示基准要素（袖窿弧线），输入线长（袖长尺寸），指示角度线的起点（肩端点）；输入角度，便可得到插肩袖的袖长线。

注意：在NacPro系统中，顺时针角度数值为"正值"；逆时针角度数值为"负值"。

② 插肩袖的袖口线可选取【垂线】工具 完成。

③ 前、后片衣身上腰部的褶线可选取"菜单"中【纸样】的[活褶]工具，输入省道的长度（一般活褶的长度不宜太长），输入斜线的间隔"1"，回车，指示倒向侧的省线和另一侧的省线，活褶完成。

第二节
女西服CAD制板实例

学习目标 通过训练，使学生掌握女西服CAD制板的基本思路和步骤方法，熟练运用服装
CAD系统进行上装的纸样制作。

训练重点 女西服CAD制板。

训练难题 变款上装的纸样制作。

训练时间 24学时

1. 款式分析（图3.38~图3.39）

此款上衣属西装领造型，由前身、后身、袖子和领子四部分组成。前、后身均采用刀背线收腰；前片无搭门；袖子的袖口部位有开衩。

规格确定	单位：cm
衣长	58
肩宽	40
胸围	96
袖长	60
袖口	14

图3.38 效果图

图3.39 款式图

2. 结构图（图3.40～图3.41）

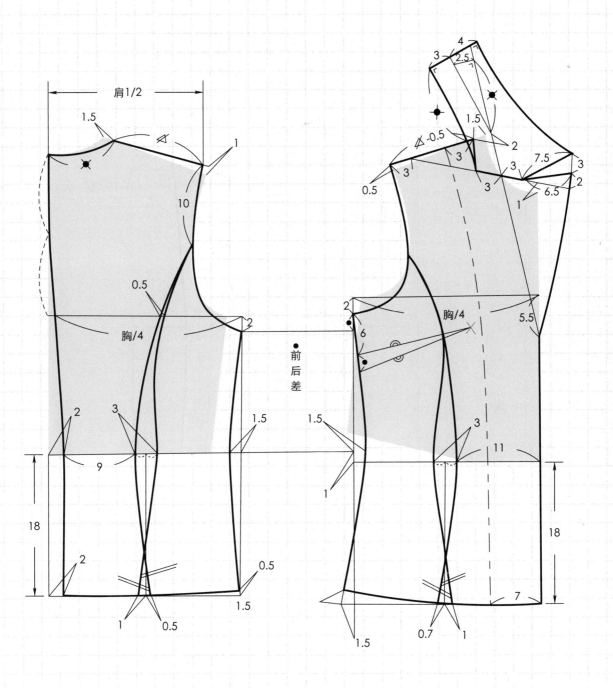

图3.40　身结构图

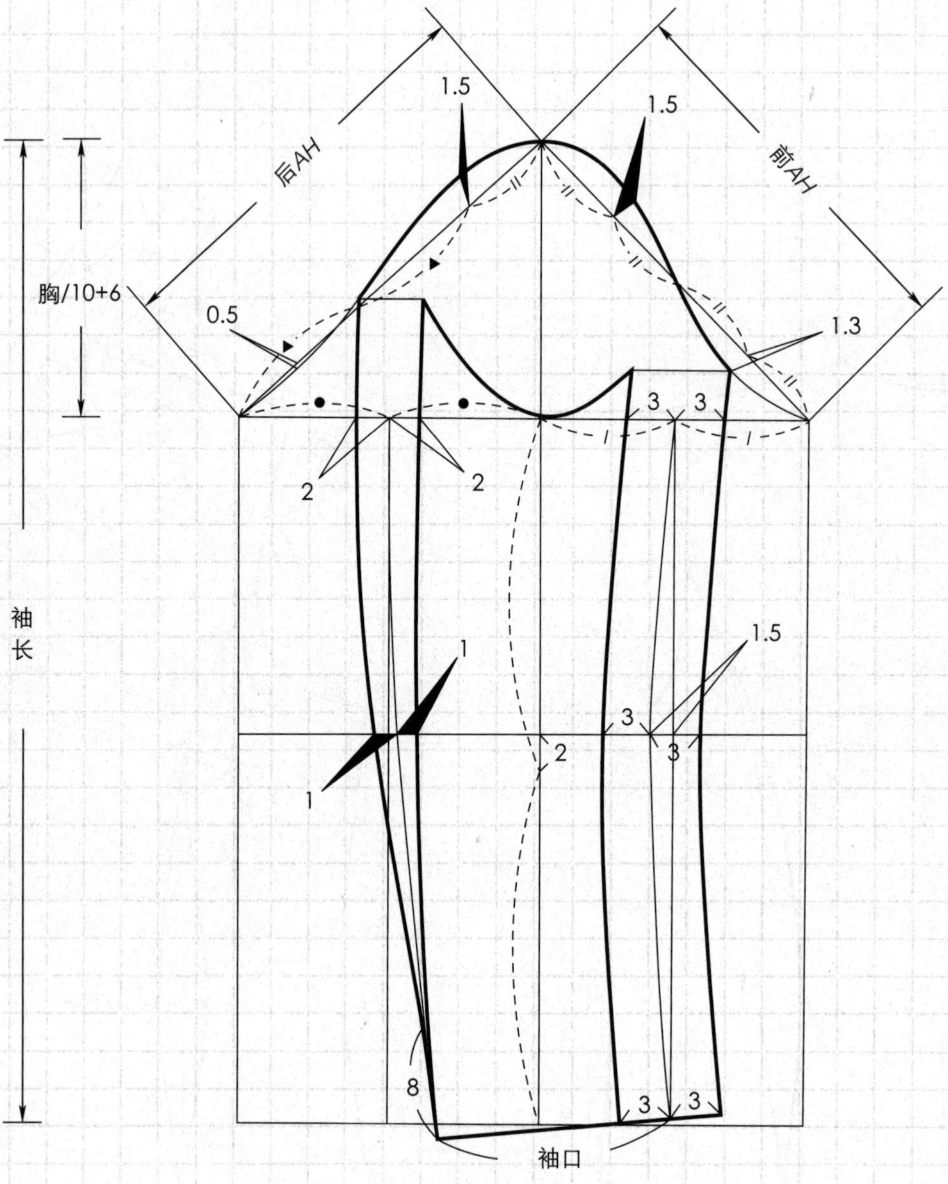

1.5
1.5
后AH
前AH
胸/10+6
0.5
1.3
3
3
2
2
袖
长
1
1.5
3
1
2
3
8
3
3
袖口

图3.41　袖结构图

结构图重点提示

① 前后衣身均在胸围直线的基础上放大了衣摆尺寸，在刀背线上注意互借量。

② 袖子是在一片袖基础上绘制而成的。前袖缝的大小袖片互借3cm；后袖在袖深线上互借2cm；在袖肘线上互借1cm，均要求线条画圆顺。

③ 后袖缝的下口出加入8cm的开衩量。

3. 女西服打板操作步骤

(1) 调出文化式原型

绘制原型。首先绘制胸围（86cm）、袖长（60cm）、背长（39cm）的女装原型，如图 3.42所示。在系统默认文件中找出文件／我的CAD／DATA／打板／女西服-1或女西服-2中 的女装原型部分，并将前后片分开。

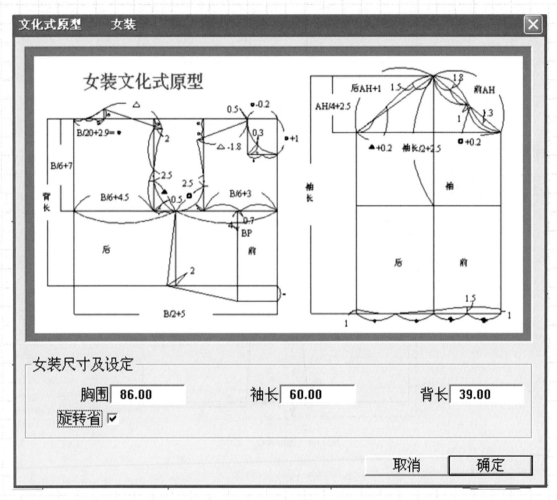

图3.42　绘制原型操作

(2) 文化式原型前后对位

①选取【间隔平行线】 ，输入平行间隔"1"，回车，指示平行要素▶◀1；指示 平行侧：[任意点]▼2，前片腰线上提1cm，如图3.43（a）所示。

②选取【修改要素】 ，选取[延长]、[指示端]，输入伸缩长度"5"，回车；指示 线的伸缩端：[要素]▶◀3，单击右键，长度调整完成，如图3.43（b）所示。

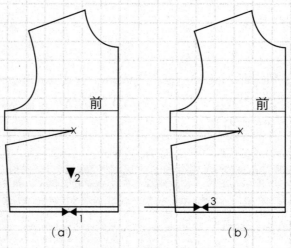

图3.43　选取操作（一）

③选取【指定移动】⊕，指示图形要素：[领域上]▼1、▼2，单击右键；指示移动前后两点：[端点]▶◀3和▶◀4，回车，前、后片腰节线对位完成，如图3.44所示。

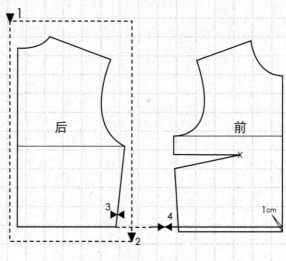

图3.44　选取操作（二）

(3) 作前、后片底摆、侧缝基础线

①作前片底摆线。选取【间隔平行线】，输入平行间隔"18"，回车，指示平行要素▶◀1；指示平行侧：[任意点]▼2，得到前片底摆线，如图3.45所示。

②作后片底摆线。选取【间隔平行线】，输入平行间隔"18"，回车，指示平行要素▶◀3；指示平行侧：[任意点]▼4，得到后片底摆线，如图3.45所示。

③作前后片侧缝基础线。选取【画线】，分别指示垂直线两点位置：指示[端点]▶◀5；按Ctrl键，指示[端点]▶◀6和指示[端点]▶◀7；按Ctrl键，指示[端点]▶◀8，前后片侧缝基础线完成，如图3.45所示。

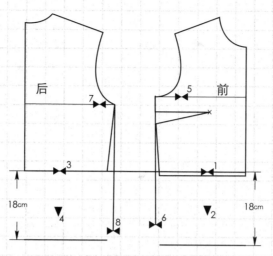

图3.45 前、后片底摆、侧缝基础线操作

(4) 作前、后片框架

①选取【删除】 ✖，删除不必要的辅助线，如图3.46（a）所示。

②选取【连接角】 ∠，指示构成角的两要素[领域上]：▼1、▼2，如图3.46（a）所示。

③选取【修改要素】 ✎，选取[延长]、[指示端]，输入伸缩长度"18"，回车；指示线的伸缩端：[要素] ►◄ 3，单击右键，后中线长度调整完成；选取[延长]、[指示端]，输入伸缩长度"19"，回车；指示线的伸缩端：[要素] ►◄ 4，单击右键，如图3.46（a）所示；前中线长度调整完成，如图3.46（b）所示。

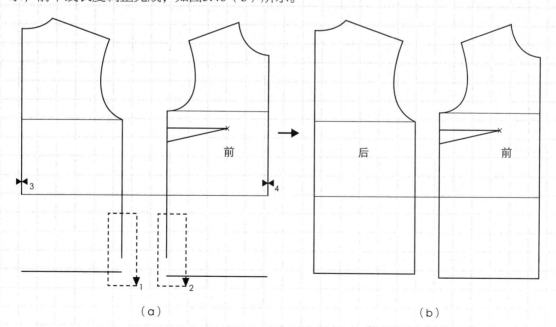

图3.46 前、后片框架操作

(5) 作前、后片底摆线

①作前片底摆线。选取【变形处理】🔧工具，指示变形要素端点▶◀1，指示变形开始位置[任意点]▼2，输入"-1.5，1.5"，回车；前片底摆向外展出1.5cm，起翘1.5cm完成，如图3.47所示。

②作前片底摆线。选取【变形处理】🔧工具，指示变形要素端点▶◀3，指示变形开始位置[任意点]▼4；指示变形后要素端点[端点]，输入"0.5"，回车；指示▶◀5，后片底摆向上起翘0.5cm完成，如图3.48所示。

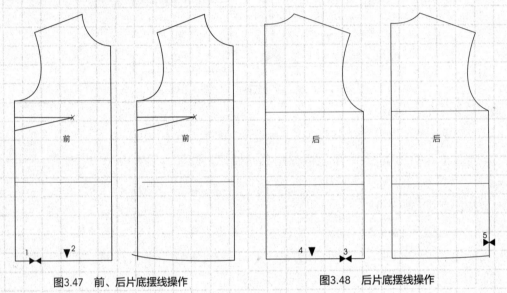

图3.47　前、后片底摆线操作　　　　图3.48　后片底摆线操作

(6) 调整前、后片领口弧线

①调整后领口弧线。选取【画线】🖊，单击[端点]▶◀1、[任意点]▼2、[任意点]▼3，输入数值"1.5"，回车；单击[端点]▶◀4，单击右键结束，后片领口弧线完成，如图3.49所示。

②调整前领口弧线。选取【画线】🖊，方法同上，如图3.49所示。

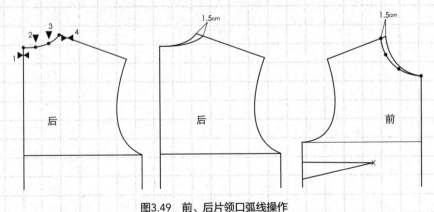

图3.49　前、后片领口弧线操作

(7) 调整前、后片小肩斜线

①选取【间隔平行线】 ⚒️ ，输入平行间隔"20"（肩宽／2），回车，指示平行要素（后片中缝）▶◀1；指示平行侧：[任意点]▼2，得到一条平行线，并与后片的小肩斜线相交于A点，选取【线切断】 ᐟᐠ ，将做好的间隔平行线在A点切断，如图3.50（a）。

②作后片小肩斜线。选取【画线】 ⟋ ，指示作图两点：[端点]▶◀3、输入数值"－1"，回车；指示▶◀4，后片小肩斜线完成，如图3.50（a）所示。

③作前片小肩斜线。选取【画线】 ⟋ ，指示作图两点：[端点]▶◀5，输入数值"－0.5"，回车；指示▶◀6，前片小肩斜线完成，如图3.50（b）所示。

④选取【删除】 ✖️ ，删除不要的结构线。

⑤选取【连接角】 ⌐ ，连接领口及肩端处的边角。

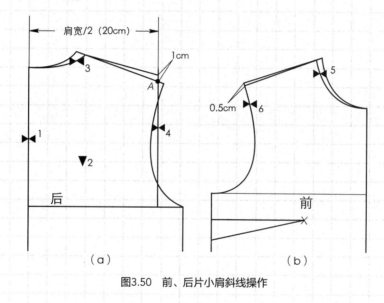

图3.50　前、后片小肩斜线操作

(8) 调整前、后片袖窿弧线

①作后片袖窿弧线。选取【画线】 ⟋ ，从A点起画后片的袖窿弧线；指示[端点]▶◀1、[任意点]▼2、▼3，输入数值"2"，回车；指示[端点]▶◀4，后片袖窿弧线完成，如图3.51（a）所示。

②作前片袖窿弧线。选取【画线】 ⟋ ，从新的肩端点B点开始画前片袖窿弧线，输入数值"后小肩－0.5"，回车；指示[端点]▶◀5、[任意点]▼6、▼7，输入数值"2"，回车；指示[端点]▶◀8，前片袖窿弧线完成，如图3.51（b）所示。

③前后片袖窿弧线画好之后，可选取【修改点】 ⟋ ，调整袖窿弧线的弯度直至满意，如图3.51所示。

④选取【删除】 ✖️ ，删除不要的结构线。

⑤选取【连接角】 ⌐ ，连接袖窿的边角。

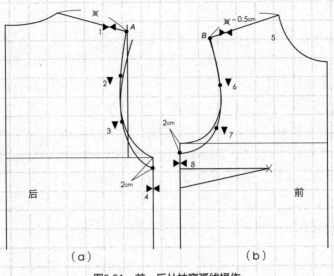

图3.51 前、后片袖窿弧线操作

(9) 作前、后片底摆线

①作前片底摆线。选取【变形处理】📐，指示变形要素端点►◄1，指示变形开始位置[任意点]▼2，输入"-1.5，1.5"，回车；前片底摆向外展出1.5cm，起翘1.5cm完成，如图3.52（a）所示。

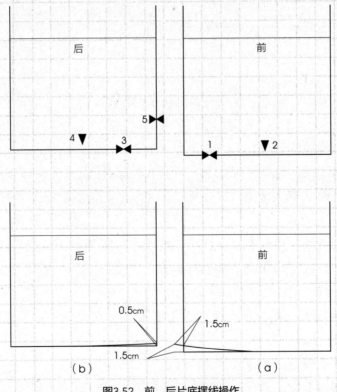

图3.52 前、后片底摆线操作

②作后片底摆线。选取【变形处理】 ，指示变形要素端点 3；指示变形开始位置[任意点] 4，指示变形后要素端点[端点]，输入"0.5"，回车；指示要素 5，后片底摆向上起翘0.5cm完成，如图3.52（b）所示。

(10) 作前、后片侧缝线

①作前片侧缝线。选取【画线】 ，单击[端点] 1、[任意点] 2，输入数值"1.5"，回车；单击[端点] 3、[任意点] 4，输入数值"0"，回车；单击[端点] 5，单击右键结束；前片侧缝线完成，如图3.53所示。

②作后片侧缝线。选取【曲线】 ，方法同上，如图3.53所示。

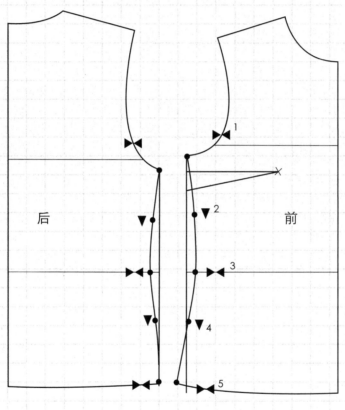

图3.53　前、后片侧缝线操作

(11) 作后片中缝线

作后片中缝线。选取【画线】 ⟋ ，单击[端点] ►◄ 1、[投影点] ►◄ 2，输入数值
"0.5"，回车；单击[端点] ►◄ 3、[任意点]▼4，输入数值"2"，回车；单击[端点]5，单击
[端点] ►◄ 6，单击右键结束；后片中缝线完成，如图3.54所示。

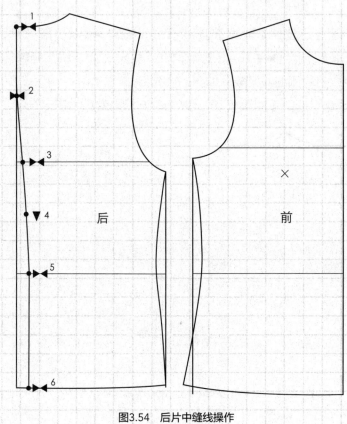

图3.54 后片中缝线操作

(12) 作前、后片刀背辅助线

①作后片刀背辅助线。选取【画线】 ⟋ ，输入数值"10.5"，回车；单击[端点] ►◄
1、[投影点]，按下Ctrl键，单击 ►◄ 2，后片刀背辅助线完成，如图3.55（a）所示。

②作前片刀背辅助线。选取【画线】 ⟋ ，输入数值"12.5"，回车；单击[端点] ►◄
3、[投影点]，按下Ctrl 键，单击[端点] ►◄ 4，前片刀背辅助线完成，如图3.55（b）
所示。

③选取【线切断】 ╟ ，将前、后片的腰节线分别在a、b点处切断，将前、后片的底
摆节线分别在c、d点处切断，为后续画刀背线做准备。

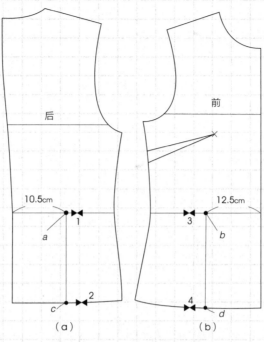

图3.55　前、后片刀背辅助线操作

(13) 作前、后片刀背线

①作后片第一条刀背线。选取【画线】⟋，输入数值"10"，回车；单击[端点]►◄1、[任意点]▼2、[任意点]▼3，输入数值"1.5"，回车；单击[端点]►◄4、[任意点]▼5，输入数值"0.5"，回车；单击[端点]►◄6，单击右键结束，后片第一条刀背线完成，如图3.56所示。

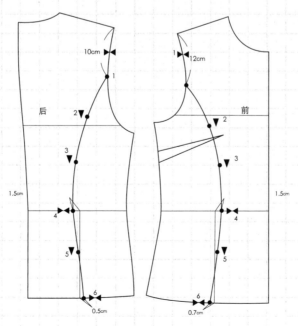

图3.56　前、后刀背线操作（一）

②作前片第一条刀背线。选取【画线】 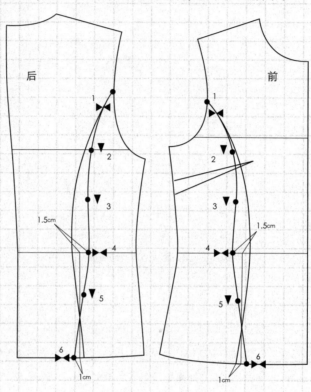，参看图3.53上前片数值画线，方法同上。

③作后片第二条刀背线。选取【画线】 ，单击[端点] ◄◄ 1、[任意点] ▼2、▼3，输入数值"1.5"，回车；单击[端点] ◄◄ 4、[任意点] ▼5，输入数值"1"，回车；单击[端点] ◄ 6，单击右键结束，后片第二条刀背线完成，如图3.57所示。

图3.57　前、后刀背线操作（二）

④作前片第二条刀背线。选取【画线】 ，参看图3.54上前片数值画线，方法同上。

(14) 作领子（一）

①选取【修改要素】 。将前片小肩斜线延长2cm至a点；选取【画线】 ，连接a、b两点，再连接c、d两点；再选取【修改要素】 工具，将cd连线延长，如图3.58（a）所示。

②选取【画线】 ，连接e、f两点；选取【删除】 ，将不用的线删掉，如图3.58（a）所示。

③在ed连线的延长线上找到g点，并用【点切断】 工具在g点切断；选取【修改要素】 工具，完成6.5cm长的gh线，如图3.58（b）所示。

④选取"菜单"中[作图]的【半径圆】工具，指示圆心[端点]h，输入半径"2"，回车，形成一个以h为圆心，半径为2cm的圆，如图3.58（b）所示。

⑤选取【长度线】，在 eh 线上靠近 g 点指示长度线的起点；指示投影要素：单击在圆上，输入线的长度"6.5"，回车；完成 gi 这条以 g 点为起点，长为6.5cm，距离 h 点2cm的领子轮廓线，如图3.58（b）所示。

⑥选取"菜单"中[作图]的【半径圆】工具，做一个以 l 点为圆心，3cm为半径的圆，如图3.58（c）所示。

⑦选取【长度线】，完成一条以 g 点为起点，长为7.5cm，距离 l 点3cm的领子轮廓线，如图3.58（c）所示。

⑧选取【画线】，完成领子从 l 点至 m 点的轮廓线，如图3.58（c）所示。

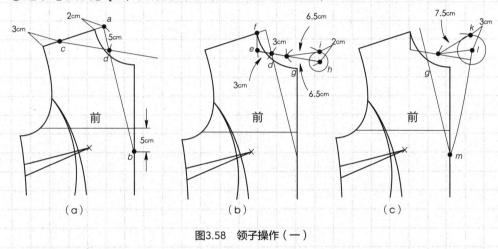

（a）　　　　　　　　　　　（b）　　　　　　　　　　　（c）

图3.58　领子操作（一）

(15) 作领子（二）

①选取【要素长度】，测量后领口弧线长，如图3.59所示。

②选取【修改要素】，将 ab 连线剪切成后领口弧线长。

③选取【垂线】，指示基准要素：[要素]◄1；输入垂线长度"2.5"，回车；指示通过点：[端点]◄2；指示垂线延伸方向：[任意点]▼3，得到 bc 连线，与 ab 连线相垂直，如图3.59所示。

④选取【间隔平行线】，做一条与 ac 连线间隔平行3cm的平行线 ed 连线，如图3.59所示。

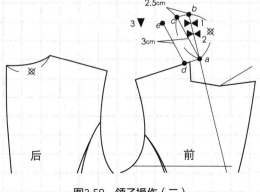

图3.59　领子操作（二）

(16) 作领子（三）

①选取【垂线】 ⼊，指示基准要素：[要素] ▶◀ 1；输入垂线长度"2.5"，回车；指示通过点：[端点] ▶◀ 2；指示垂线延伸方向：[任意点] ▼3，得到7cm长的bc连线，且与ab连线相垂直，如图3.60所示。

②选取【画线】 ⌐，画出翻领的外口弧线cb连线，如图3.60所示。

③选取【画线】 ⌐，画出翻领的绱领线eb，如图3.60所示。

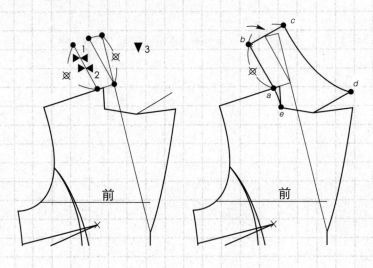

图3.60　领子操作（三）

(17) 前片纸样剪开合省

①选取【指定移动】 ✛，将前片拆分成前中片和前侧片，如图3.61（a）所示。

②选取"菜单"中【检查】的[两直线夹角]工具，测量前侧片上省道的夹角度数。

③选取菜单【编辑】中的[角度旋转]，合并前侧片上的省道，如图3.61（b）所示。

④选取【拼合】 ⊙，前侧片上的刀背线和侧缝线，选取【拼合修改】 ⊙，修顺线条，如图3.61（c）所示。

⑤后片刀背拆分的方法同前片。

118

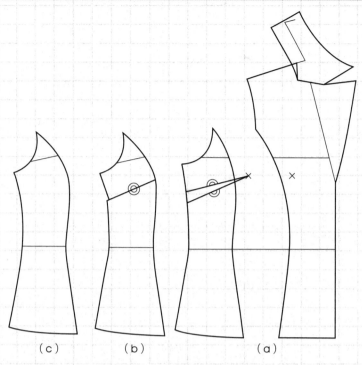

图3.61 前片纸样剪开合省操作

(18) 领片取出

①选取【布片取出】📝，将领子从前片中拆分成出来，如图3.62所示。

②选取菜单【编辑】中的[垂直补正]，调整领子的角度，如图3.62所示。

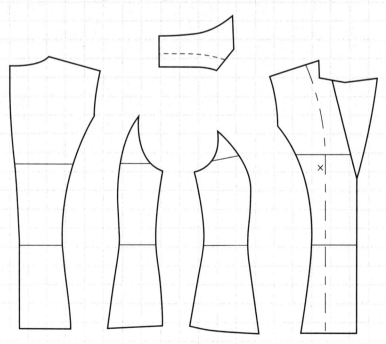

图3.62 领片取出操作

(19) 作袖片（一）

①选取【要素长度】 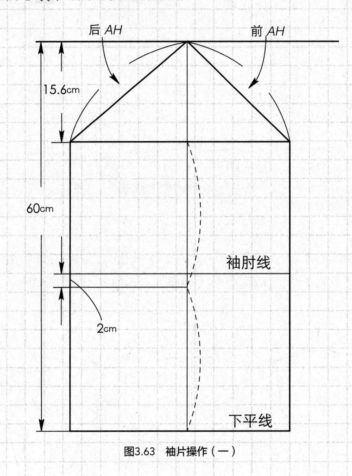，测量前后袖窿弧线长。

②选取【间隔平行线】，分别做出袖子的袖深线（15.6cm）、袖子的下平线（袖长60cm）、袖肘线，如图3.63所示。

③选取【长度线】，根据已测量的前后袖窿弧线长画出前、后袖山基础线，如图3.63所示。

④选取【删除】，删除不要的结构线。

后 AH   前 AH

15.6cm

60cm

袖肘线

2cm

下平线

图3.63　袖片操作（一）

(20) 作袖片（二）

①作袖山弧基础线。选取【垂线】 ，分别作出前后袖山的基础线，如图3.64（a）所示。

②作后袖山弧线。选取【画线】 ，指示曲线点列：[端点]▶◀1，[任意点]▼2，[端点]▶◀3，[任意点]▼4，[端点]▶◀5，[端点]▶◀6，后袖山弧线完成，如图3.64（b）所示。

③作前袖山弧线。选取【画线】 ，方法同上，如图3.64（b）所示。

④选取【修改点】 ，将前、后袖山弧线调整圆顺。

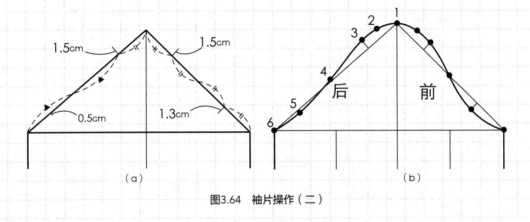

图3.64 袖片操作（二）

(21) 作袖片（三）

①选取【线切断】 ，将袖深线在a点处切断，如图3.65所示。

②选取【画线】 ，在袖深线上，从后袖肥的1/2处开始画直线落到袖子的下平线上，如图3.65所示。

③选取【画线】 ，在袖深线上，从前袖肥的1/2处开始画直线落到袖子的下平线上，如图3.65所示。

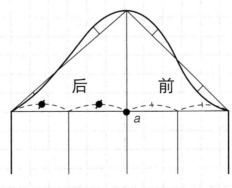

图3.65 袖片操作（三）

(22) 作袖片（四）

①选取【间隔平行线】 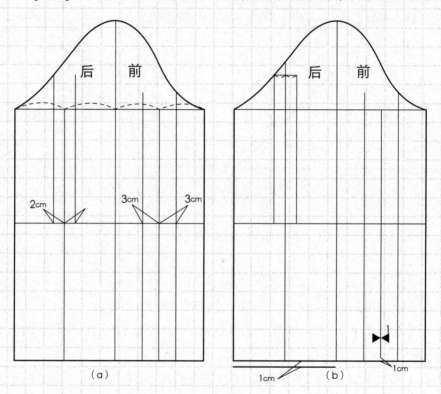，分别做前1/2袖肥线的平行线，间隔3cm，做后1/2袖肥线的平行线，间隔2cm，如图3.66（a）所示。

②选取【间隔平行线】 ，做袖子下平线的平行线，间隔1cm，如图3.66（b）所示。

③选取【修改要素】 ，选取延长，输入伸缩长度"1"，单击确定；指示修改要素（移动端）：[要素] 1，单击左键，单击右键，长度调整完成，如图3.66（b）所示。

图3.66 袖片操作（四）

(23) 作袖片（五）

①选取【画线】 ，分别连接ab和cd两条曲线，在袖肘线处收进1.5cm，如图3.67（a）所示。

②选取【长度线】 ，以e点为起点，向下移的1cm线上做投影，长度为14cm（袖口长），如图3.67（a）所示。

③选取【画线】 ，连接gf两点，如图3.67（a）所示。

④选取【画线】 ，分别做袖子的两条外袖缝线和小袖的袖山曲线，如图3.67（b）所示。

⑤选取【指定移动】 ，将小袖连同结构线复制出来，如图3.67所示。

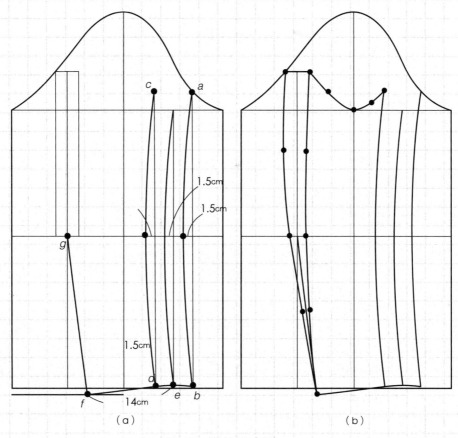

图3.67 袖片操作（五）

(24) 西装领领面制作（一）

　　①首先完成领子的制作，作出领子的翻折线，如图3.68所示。

　　②把西装领在翻折线处展开一定的量。选取【分割】工具中的[指定分割]的"两端定量"，设置始点分开量"0.3"、终点分开量"0.5"，单击确定，指示被分割要素▼1、▼2；单击右键，指示分割线[要素]3，单击右键确定；指示移动侧▼4，西装领纸样展开完成，如图3.68所示。

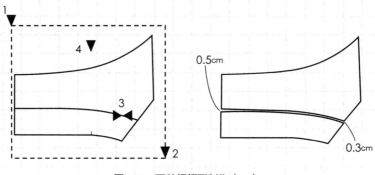

图3.68 西装领领面制作（一）

(25) 西装领领面制作（二）

①把西装领的外造型线展开，选取【画线】 ⌒ ，作出纸样剪开的基础线，如图3.69（a）所示。

②选取【分割】 ◣ 工具中的"定量旋转"，设定旋转长度"0.3"，单击确认；选取整片衣领▼1、▼2，分别指示分割线[端点] ►◄ 3、 ►◄ 4，单击右键确定，如图3.69（b）所示。

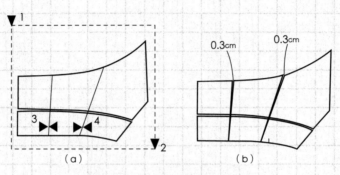

（a）　　　　　　　　　　（b）

图3.69　西装领领面制作（二）

③重新修正领面轮廓线。选取【删除】 ✖ ，删除不要的要素；选用【画线】 ⌒ 、【垂线】 ↖ 、【连接角】 ↳ 等工具，重新修正领面的轮廓线。

④完成整片面领。选取【编辑】工具中的[垂直反转]，按下ctrl键，完成整片领面，如图3.70所示。

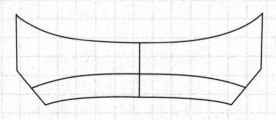

图3.70　西装领领面制作（三）

(26) 女西服净板完成

①女西服净板完成。选取【删除】✖️，去掉多余的辅助线，如图3.71所示。

②选取【布片做成】📋，为女西服净板加缝边。放缝样板图如图3.72所示。

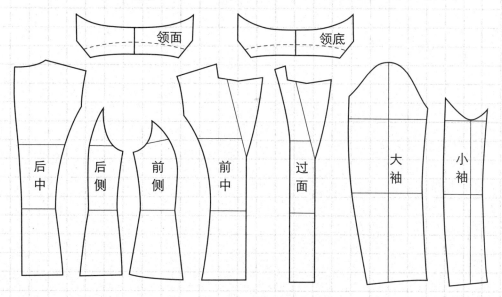

图3.71 女西服净板完成

4. 女西服工业板

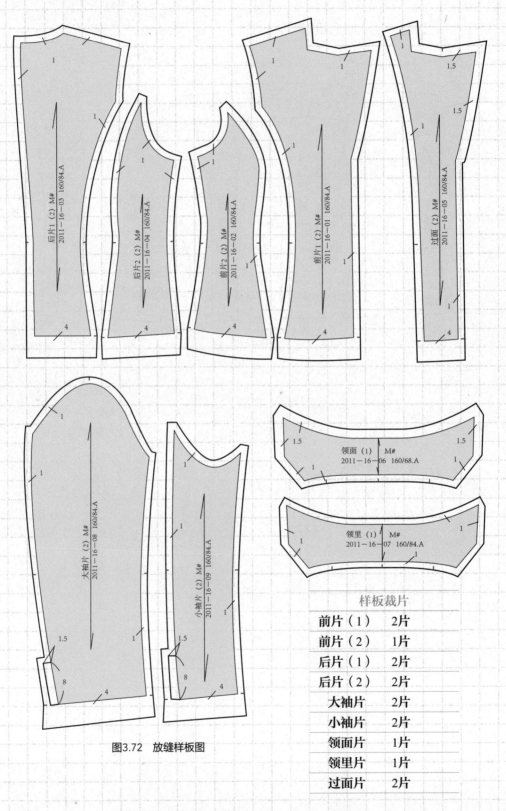

后片1（2）M#
2011－16－03 160/84.A

后片2（2）M#
2011－16－04 160/84.A

前片2（2）M#
2011－16－02 160/84.A

前片1（2）M#
2011－16－01 160/84.A

过面（2）M#
2011－16－05 160/84.A

大袖片（2）M#
2011－16－08 160/84.A

小袖片（2）M#
2011－16－09 160/84.A

领面（1）　M#
2011－16－06 160/68.A

领里（1）　M#
2011－16－07 160/84.A

图3.72　放缝样板图

样板裁片	
前片（1）	2片
前片（2）	1片
后片（1）	2片
后片（2）	2片
大袖片	2片
小袖片	2片
领面片	1片
领里片	1片
过面片	2片

① 根据三款上衣的结构图进行比例制板训练（见中式领上衣结构图3.73、结构图3.75；夹克式上衣结构图3.77、结构图3.79；三开身上衣结构图3.80、结构图3.82）。

② 参照中式领上衣放缝样板图3.76，进行中式领上衣的放缝训练。

5. 中式领上衣

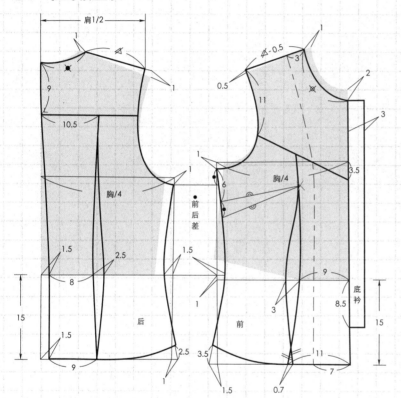

规格确定	单位：cm
衣长	56
肩宽	39
胸围	96
袖长	62

图3.73　中式领上衣结构图

课后作业

① 根据三款上衣的款式图进行原型制板训练（见中式领上衣款式图3.74；夹克式上衣款式图3.78；三开身上衣款式图3.81）。

② 查找或设计上衣款式3~4款，制出基础板。

图3.74 中式领上衣款式图

CAD制板操作重点提示

① 按照成品规格调出带省道的文化式原型，在前片腰线的基础上向上1cm，将后片原型的腰线与之对位摆好。

② 按照结构图的数据和分割的位置将前、后片的外轮廓和内分割画好。

③ 选取【布片取出】 工具，拆分前、后片。

④ 前片拆分成上片、下中片和下侧片之后，选取"菜单"中[检查]的【两直线夹角】，测量前下侧片的省道夹角角度。

⑤ 选取"菜单"中[编辑]的【角度旋转】，合并前下侧片上的省道。

⑥ 选取测量工具，检测前后片侧缝长。

⑦ 选取测量工具，测量出前、后AH弧线长，作为画袖子的依据；测量出前、后领口弧线长，作为画领子的依据。

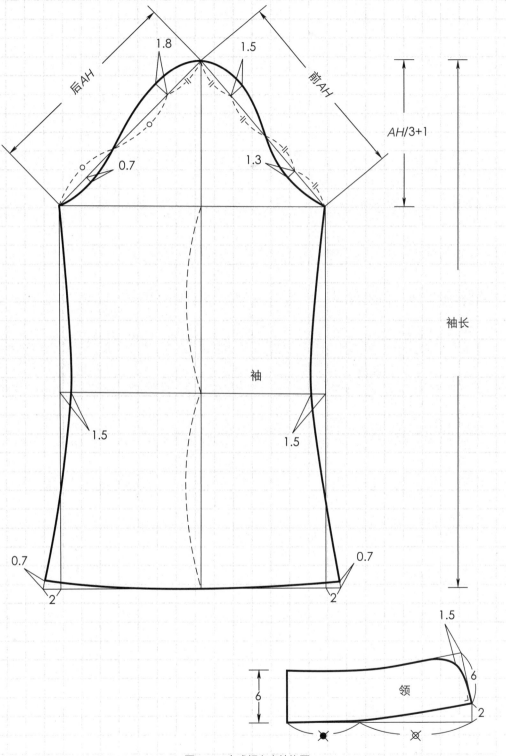

后AH

1.8

1.5

前AH

$AH/3+1$

0.7

1.3

袖长

袖

1.5

1.5

0.7

0.7

2

2

1.5

6

6

领

2

图3.75　中式领上衣结构图

6. 中式领上衣工业板

样板裁片			
前片	2片	后侧片	2片
前上片	2片	前贴边片	2片
前侧片	2片	袖片	2片
底襟片（整）	1片	过面片	2片
后片	2片	领面、领里片	各1片
后上片	1片	后贴边片	1片

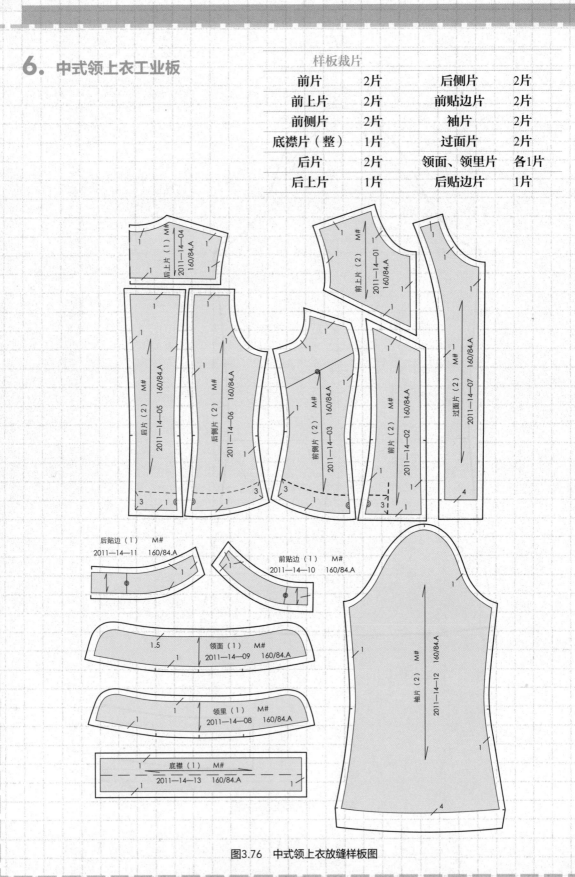

图3.76 中式领上衣放缝样板图

7. 夹克式上衣

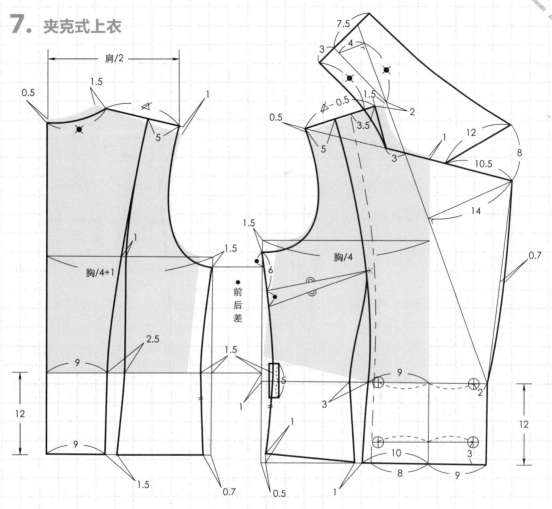

图3.77　夹克式上衣结构图

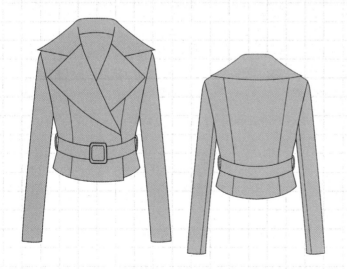

图3.78　夹克式上衣款式图

规格确定	单位：cm
衣长	52
肩宽	40
胸围	98
袖长	60
袖口	14

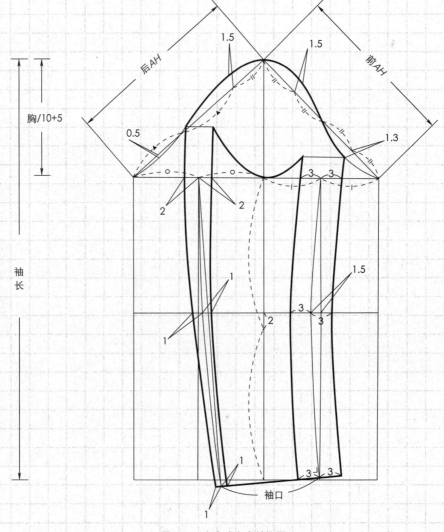

图3.79　夹克式上衣结构图

CAD制板操作重点提示

① 按照成品规格调出带省道的文化式原型，在前片腰线的基础上向上1cm，将后片原型的腰线与之对位摆好。

② 按照结构图的数据和分割的位置将前、后片的外轮廓和内分割公主线画好。

③ 选取【布片取出】工具，拆分前、后片。

④ 前片拆分成前中片和前侧片之后，选取"菜单"中[检查]的【两直线夹角】，测量前侧片的角度。

⑤ 选取"菜单"中[编辑]的【角度旋转】工具，合并前侧片上的省道。

⑥ 选取测量工具，检测前后片侧缝长。

⑦ 选取测量工具，测量出前、后AH弧线长，作为画袖子的依据；测量出后领口弧线长，作为画西服领的依据。

8. 三开身上衣

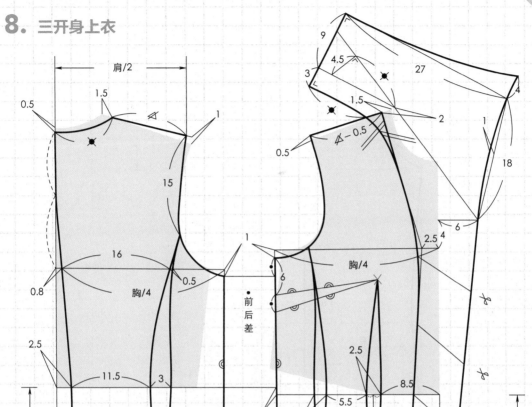

图3.80 三开身上衣结构图

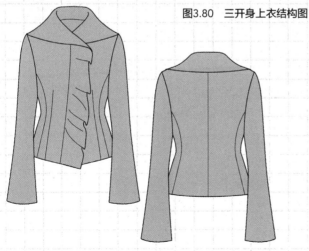

图3.81 三开身上衣款式图

规格确定	单位：cm
衣长	56
肩宽	39
胸围	96
袖长	62

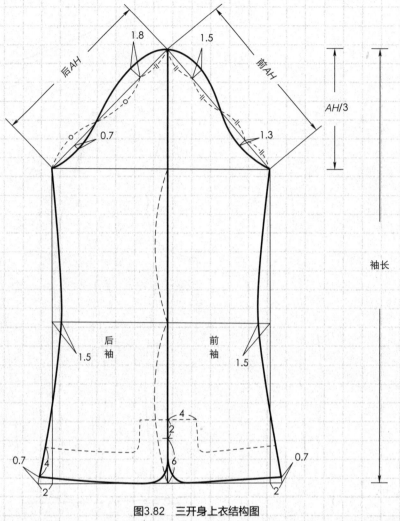

図3.82 三开身上衣结构图

CAD制板操作重点提示

① 按照成品规格调出带省道的文化式原型，在前片腰线的基础上向上1cm，将后片原型的腰线与之对位摆好。

② 按照结构图的数据和分割的位置将前、后片的外轮廓、内分割和领子画好。

③ 选取【布片取出】 工具，先将前片的领子拆分出来。

④ 选取"菜单"中[检查]的【两直线夹角】，测量前片省道的角度。

⑤ 选取"菜单"中[编辑]的【角度旋转】工具，在前片上进行省道转移，选取【拼合】 、【拼合修改】 等工具，重新调整前片的结构线条。

⑥ 选取【布片取出】 工具，对前、后片进行拆分。

⑦ 选取【指定移动】 工具，将后侧片和前侧片合并在一起。

⑧ 选取测量工具，检测前后片侧缝长。

⑨ 选取测量工具，测量出AH弧线长，作为画袖子的依据。

4

第四章
信息库的建立及使用

一、实训内容

1. 信息库建立方法
2. 信息库使用方法

二、实训目的

1. 通过对信息库建立及使用方法的介绍，使学生了解CAD便捷灵活的强大应用功能。
2. 通过训练，要求学生掌握建立、使用信息库的方法；为将来提高CAD制板的速度提供帮助。

三、实训课时

一周，共计18学时

四、实训方法

1. 通过教师示范，学生根据教师要求进行信息库基本框架的建立训练。

    实训时间：14学时

2. 通过教师示范，学生根据教师要求进行信息库的使用训练。

    实训时间：4学时

第一节
服装CAD结构样板信息库的建立

学习目标　通过对信息库建立方法的介绍，使学生了解CAD便捷灵活的强大应用功能。
训练重点　了解信息库的功能作用，掌握信息库建立方法。
训练难点　信息库的建立方法。
训练时间　14学时

(1) 信息库

　　随着服装CAD应用的逐步推广，人们发现服装CAD的潜力及优势不仅仅只是停留在操作功能和使用工具的开发上，更重要的是通过开发和建立信息库和样板的不断创新及使用，才能保证更有效、更高速地进行样板设计。因此，信息库的建立，对于服装工业生产、设计以及服装CAD技术的研究、服装CAD的普及，都有着重要作用。对于个人、企业来说，信息库的建立更是必不可少的工作。

(2) 信息库的建立

　　建立信息库首先是框架设计。框架设计要根据企业的产品特点或个人需求来设定，框架设计建好之后，在以后的工作当中再对信息库进行不断地补充和丰富。信息库中积累的款式越多，将来使用起来可选择的范围越大。

　　在这里我们以服装的品种和结构为依据进行信息库建立，如图4.1所示。

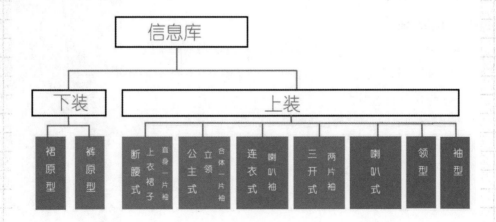

图4.1　信息库框架设计

136

　　在这里建立的信息库框架，也只是一个基本框架；还可以根据需要做进一步细分：例如在裙原型的下级框架中还可以分为直身型、A型、V型等，信息库框架分得越细，内容越充实，使用起来就越便捷。

课堂训练作业　　在课上建立信息库框架，并将已有的CAD结构设计文件放入信息库中。

课后作业　　可以找2~3名同学，每位同学承担信息库中的一个分支进行内容补充，然后可以进行资源共享。

第二节
服装CAD结构样板信息库的使用

学习目标　通过对信息库使用方法的介绍，使学生了解CAD便捷灵活的强大应用功能。
训练重点　了解信息库的功能作用，掌握信息库的使用方法。
训练难点　信息库的使用方法。
训练时间　4学时

(1) 信息库文件的循环使用方法

①根据效果图或款式图，调出所需文件。

②修改尺寸，使之符合新的外形规格。

③调整结构线和装饰线，增加设计线条。

④测量领、袖部位的控制参数，调入领、袖的文件，根据衣片重新调整领、袖的弧线。

⑤完成新的款式后，除了本样式要保存外，分部件也要重新进行分解和保存。

(2) 信息库文件使用方法举例

①规格的设计。包括长度、围度等尺寸表中的所有部位尺寸。

举例：款式相同，围度尺寸相同，只是进行长度的修改变化。

②造型的设计。胸、腰、臀数据的设计对整体造型起到十分重要的作用，把握好尺寸变化是造型的关键。

举例：款式相同、相同尺寸、修改下摆；

款式相同、相同尺寸、修改腰围。

③分割线的设计。在服装设计中，分割线的变化是十分微妙的：对于同一款式，分割线位置的变化可产生不同的服装款式。

举例：款式相同、相同尺寸、修改分割线位置，如图4.2所示。

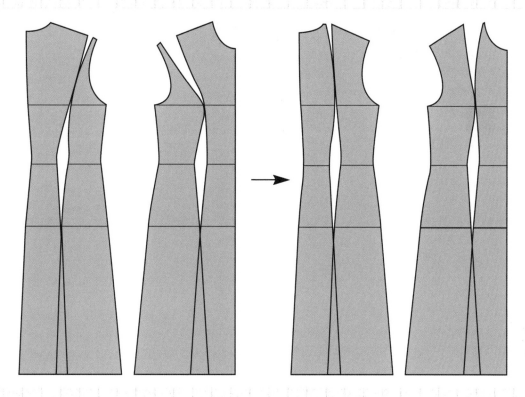

图4.2　调整分割线

　　信息库的建立是一项长期、严谨的工作，不仅要在实践中不断积累，还要根据市场服装的流行趋势而不断更新，才能建立出与市场流行趋势相吻合的有特色的信息库，才能更好地发挥出计算机的优势和作用。

课堂训练作业

① 选择一个衣身，选择立领、衬衫领和西装领进行部件组合练习。

② 选择一个衣身，选择一片袖、两片袖和落肩袖进行部件组合练习。

选择2~3款时装，运用信息库中的资料进行组合练习。